愛料理 特搜 **112** 道

常見食材 料理

用33種蔬菜蛋豆，聰明搭配肉類、海鮮、麵飯，
善用烹調，一菜多吃！

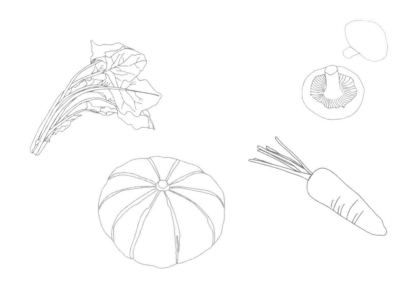

作者 愛料理團隊

suncolor 三采文化

CONTENTS

食材多變化，天天吃不膩！

　　本書跳脫愛料理曾經發行過的兩本主題食譜書《愛料理 ‧ 網友熱搜 TOP100 電鍋菜》、《愛料理 ‧ 網友熱搜 TOP100 下飯菜》，試圖以另一個角度切入——「食材」。在不浪費食材的前提下，提供相同食材的多樣變化，最重要的是，我們仍透過愛料理站上超過 10 萬道食譜的數據，並加上編輯部同仁的巧思編撰，推出這本新書《愛料理特搜 ‧ 112 道常見食材料理》。

　　當季的菜色怎麼買就是那幾樣，高麗菜除了清炒、蒜炒還能怎麼做？醃漬成泡菜、燉煮成粥，甚至吸收滿滿高湯的高麗菜捲，這些作法你也嘗試過嗎？或者天天必吃的雞蛋，除了炒蛋、煎蛋之外，你還知道其他蛋料理的作法嗎？利用最簡單的食材變化，就算是相同的食材，也能讓你天天吃不膩！

　　在進入食譜之前，我們也用了最簡單、基礎且實用的方式，針對料理初學者一一介紹各種食材，包括基本的特性、如何挑選、清洗與保存，讓每道料理都能從「食材」出發，接著變化出各種好滋味！

　　書中每道菜皆標註參考食譜的 ID 來源，以最適合小家庭的分量修改，將每道食譜重新製作、拍攝，作法涵蓋了涼拌、快炒、燉煮、清蒸、香煎等不同的料理方式，亦跨越了中式、日式、韓式、西式等異國料理，讓大家在搜尋食譜的過程也能更快速、更明確。

　　最後，感謝大家對愛料理第三本食譜書《愛料理特搜 ‧ 112 道常見食材料理》的支持，希望能幫助更多人在挑選食材與做出料理的過程中，更簡單、更輕鬆，除了透過紙本食譜書找到對味的食譜之外，也可以在愛料理官網與 App 中，搜尋及分享！

愛料理共同創辦人　蕭上農

愛料理

愛料理小百科 Q&A

Q：什麼是「愛料理」？

A 愛料理是台灣最大食譜網站（icook.tw），網站目前擁有超過100,000篇食譜及百萬的註冊會員。

Q：愛料理的熱門食材，只有書中提到的**33**種嗎？

A 當然不止！本書特別嚴選前33種熱門食材，再延伸出不只一種的料理方式，讓一種食材有多種吃法。若想知道更多的指定食材的料理，請至愛料理搜尋。

Q：食譜書內的「食譜ID」指是什麼意思呢？

A 愛料理的每道食譜都有自己的專屬編號，只要在網址後面輸入食譜ID，就可以找到那道食譜，如：https://icook.tw/recipes/食譜ID。

Q：愛料理有推薦的料理周邊商品嗎？

A 除了提供食譜搜尋與分享的服務，愛料理市集（http://market.icook.tw）也精選了許多與料理相關的周邊產品，包括食材、廚具、食譜書等多種品項，歡迎大家至愛料理市集選購。

Q：看完食譜書後，若仍有些小細節想提問時該怎麼辦？

A 可至每道食譜的下方留言提問，作者們都會很熱心的回答問題！

Q：非常喜歡愛料理出的食譜書，除了這次的新書《愛料理特搜·**112**道常見食材料理》之外，還有其他的選擇嗎？

A 愛料理的食譜書包括：《愛料理·網友熱搜TOP100電鍋菜》、《愛料理·網友熱搜TOP100下飯菜》以及這次的新書《愛料理特搜·112道常見食材料理》，都可以在各大書店及網路書店購買得到。

Q：喜歡食譜來源的作者，但要怎麼知道他又出新菜了呢？

A 可以上愛料理網站直接訂閱喜歡的作者！

- 愛料理網站：http://icook.tw
- 愛料理LINE@ 愛料理ID：@ebk2176r
- 愛料理Instagram：https://instagram.com/icooktw
- 愛料理Android下載：http://bit.ly/bookapp1
- 愛料理iOS下載：http://bit.ly/bookapp2
- 愛料理FB粉絲團：https://www.facebook.com/icooktw
- 愛料理生活誌：https://www.tacebook.com/icooklife

Rhizome
根莖類 | 地瓜

產季：全年皆有。春夏是紅心地瓜盛產期，秋天則為黃金地瓜盛產期。

挑選：挑選時應選表皮完整，無凹陷、無黑斑者，若有長芽或根鬚太多，應避免選購。

黃金地瓜

紅心地瓜

特性：既便宜又具有豐富的膳食纖維，屬於非常平民的食材。

Point 1　清洗法

在流動的清水下，用軟毛刷或菜瓜布，邊沖、邊洗刷，然後用刨刀將皮刨下後，再用水沖洗一次。

Point 2　保存法

尚未食用的地瓜可先不洗，保存在陰涼乾燥處，或是用鋁箔紙或深色塑膠袋包裹（以避免照光發芽），存放冰箱冷藏保存。

Point 3　適合料理法

地瓜的料理方式眾多，除了可以整條直接蒸熟之外，也可以切塊用來煮湯或烤地瓜，也可以切絲做成地瓜粥，或是切片裹粉油炸，都是常見的地瓜料理方式。

料理變化

烤地瓜→ P10

QQ地瓜球→ P11

拔絲地瓜→ P12

地瓜燉煮鹹豬肉→ P13

烤

便宜健康的最佳主食

01 烤地瓜

食譜ID 91402

材料（5人份）

小地瓜   12條

作法

1. 地瓜洗淨，放入電鍋中，外鍋加1杯水蒸熟。

2. 取出【作法1】趁熱放入烤箱，以220℃烤約20分鐘，至地瓜糖蜜釋出產生焦糖色澤即完成。

NOTE

建議地瓜可挑選外型大小一致，料理時間比較好掌控。因各廠牌烤箱略有不同，烤的時間可依情況做調整。

夜市涮嘴小吃

02 QQ地瓜球

食譜ID 69913

材料（3人份）

地瓜（去皮、切小塊）	100g
木薯粉	100g
砂糖	30g
滾水	40ml

作法

1. 將地瓜塊放入電鍋中蒸熟、蒸軟，取出壓成泥。

2. 取盆裝入【作法1】，加入木薯粉和砂糖混合均勻，再倒入滾水拌勻，揉成一團不黏手的麵團。

3. 將麵團切割成每個約5g的小麵團，再各自搓成圓球狀。

4. 熱油鍋後轉小火，將【作法3】入鍋炸至浮起，稍微攪動後用鍋鏟按壓5～6次使膨脹。

5. 最後轉大火逼出油分，再撈起瀝油即可。

NOTE
【作法4】放入地瓜球時，要注意油溫不可過高，不然會容易燒焦而黏在一起。
【作法5】撈起後的地瓜球，可放在吸油紙巾上，吸取多餘的油分。

炸

烤

NOTE

· 【作法1】烤地瓜的時間依各廠牌烤箱略有
  不同,烤的時間可依情況做調整。地瓜烤
  乾一點可以幫助沾裹糖漿時不易破碎。
· 【作法2】煮糖時需用小火才不易燒焦,煮
  過頭會出現苦味。
· 【作法3】沾裹糖漿時須注意翻動的力道,
  避免將地瓜弄碎。

餐廳點心在家現作

03 拔絲地瓜

食譜ID 92653

材料(3人份)

地瓜(去皮、切小塊)	2條
鹽	少許
糖	適量

作法

1. 將地瓜塊放入已預熱的烤箱,以200℃烤20～30分鐘,待
   地瓜表面烤乾時,再撒上少許鹽備用。

2. 糖入鍋用小火煮到融化,再加15ml水快速攪拌,讓糖呈
   現濃稠糖漿狀。

3. 將【作法1】地瓜塊倒入【作法2】濃稠的糖鍋中,使地瓜
   均勻沾裹糖漿即可盛盤。

4. 食用前一塊一塊進行拔絲的動作,並快速浸泡冰水使糖絲
   定型即可享用。

結合東西方風味

04 地瓜燉煮鹹豬肉

食譜ID 141936

材料（2人份）

地瓜（去皮、切半圓厚片）	2條
豬五花肉	300g
蒜（切末）	3瓣
迷迭香	1支
粗鹽	10g
黑胡椒	適量
水	100ml

作法

1. 豬五花肉抹上粗鹽，冷藏醃漬2~3小時，取出後再將五花肉擦乾水分、切片備用。

2. 鍋燒熱不需加油，放入【作法1】的肉片，利用肉本身的油脂將肉煎至兩面金黃。

3. 再加入地瓜片、迷迭香、蒜末一起拌炒勻後，加入水。

4. 蓋上鍋蓋以小火燜煮10分鐘，起鍋前撒上黑胡椒即完成。

NOTE

想要更入味的話，【作法1】豬五花肉可醃漬8小時至隔夜更佳。【作法4】燜煮時，盡量將地瓜鋪在下面，更易熟透。

芋頭

產季：夏、秋（7月～10月）。

外觀：若還帶著泥土，表示才剛出土不久，比較新鮮。

挑選：若想要吃口感較嫩的芋頭，可挑選體型較小者為佳，但仍要選購重量結實感為佳。

品種：最常見的品種是檳榔心芋頭。挑選時，要避免表皮有凹洞者。

料理變化

芋頭鹹粥→ P16

芋頭燒雞→ P16

蜜芋頭→ P18

油蔥芋絲→ P18

芋頭糕→ P20

Point 1　清洗法

避免芋頭削皮後將肉質弄髒，削皮前須用刷子將其外層邊沖水、邊洗刷乾淨。

Point 2　如何防止皮膚癢

芋頭的黏液易咬手，含有草酸鹼易造成手掌皮膚過敏，若擔心皮膚發癢，可戴上料理手套或在手上抹鹽。

Point 3　保存法

芋頭切開後，建議一次食用完畢，若還沒有要料理，將整顆芋頭直接放在陰涼乾燥處即可，盡量在兩星期內食用完畢。

Point 4　適合料理法

芋頭的兩端較硬不易煮軟，可以切下來，另外煮湯，或者延長烹調時間。芋頭的料理方式眾多，有鹹、甜兩種吃法。切絲可做成芋籤餅、切丁可以做成芋頭粥，最常見的芋頭甜湯或是蜜芋頭，則建議切大塊狀，才能久煮入味不鬆散。

切丁

切絲

切大塊

煮

芋頭鹹粥

燒

芋頭燒雞

16

散發濃郁的香氣

05 芋頭鹹粥

食譜ID 51486

材料（2人份）

芋頭（去皮、切丁）	100g
白米（洗淨、瀝乾）	1 杯
香菇（泡軟、切丁）	3朵
豬肉絲	100g
油蔥酥	15g
四季豆（去頭尾、去老絲、切段）	4支
鹽	適量
胡椒粉	10g

作法

1. 鍋加油燒熱，爆香香菇丁、豬肉絲、油蔥酥，再加入米用小火乾炒炒香。

2. 接著加入8杯水，轉中火煮滾，待米快熟時，加入芋頭丁與四季豆繼續烹煮。

3. 煮到湯汁慢慢收乾後，依照個人口味，加入鹽與胡椒粉調味即可。

NOTE
芋頭切成小丁狀，可以更快速煮軟好入味。

燒煮入味家常菜

06 芋頭燒雞

食譜ID 109393

材料（4人份）

芋頭（去皮、切塊）	200g
雞腿（去骨、切塊）	300g
蒜（切末）	3瓣
薑（切片）	3片
蔥（切段）	2支
辣椒（斜切片）	2支

調味料

醬油	30ml
米酒	30ml
水	90ml

作法

1. 鍋加3大匙油燒熱，用中小火將芋頭塊炸至金黃色後，撈起備用。

2. 把鍋中炸油倒出，僅留少許爆香蒜末、薑片，再放入雞腿塊煎至表面上色。

3. 放入炸好的芋頭塊，並加入混合的【調味料】一起炒勻。

4. 燒煮至醬汁收乾剩一半時，加入辣椒片翻炒至味道融合，起鍋前再加入蔥段炒勻即可。

NOTE
【作法4】料理過程中，若芋頭還沒軟但湯汁已變很少的話，可酌量加水與醬油再烹煮。

甜湯冰品最速配

07　蜜芋頭

食譜ID 76341

材料（2人份）

芋頭（去皮、切塊）	250g
二砂糖	50g
米酒	15ml

作法

1. 將芋頭塊、砂糖與米酒放入電鍋內鍋，加水至剛好淹蓋過芋頭（約九分滿），外鍋加1杯水燉煮。

2. 煮到開關跳起後，取出內鍋，把芋頭翻面並蓋上鍋蓋，等芋頭降至室溫後放入冰箱內冷藏，冰約8小時至入味即可食用。

NOTE

多了米酒的加持，讓蜜芋頭的味道更濃厚卻不死甜。

簡單的古早味

08　油蔥芋絲

食譜ID 130232

材料（3人份）

芋頭（去皮、切絲）	200g
油蔥酥（含蔥油）	30g
鹽	3g

作法

1. 芋頭絲加鹽和一半的油蔥酥拌勻，放入電鍋。

2. 外鍋加1杯水蒸熟，取出後再加入另一半的油蔥酥拌勻即可。

煮

蜜芋頭

蒸

油蔥芋絲

蒸

綿密鬆香的傳統味

09 芋頭糕

食譜ID 38514

材料（3人份）

芋頭（去皮、刨絲）	800g
蝦米	30g
香菇	6朵
油蔥肉燥	45g
油蔥酥	適量

粉漿

在來米粉	230g
玉米粉	20g
水	250g

調味料

醬油	45ml
味醂	22ml
胡椒粉	適量
柴魚粉	5g

作法

1. 蝦米、香菇泡軟切小丁，備用。

2. 鍋加油燒熱，爆香蝦米、炒香香菇丁，再加入芋頭絲和【調味料】拌炒均勻，續加入香蔥肉燥和1000ml的水煮滾，煮滾後轉小火，將調勻的【粉漿】倒入拌勻。

3. 取一容器均勻抹上油，倒入【作法2】後將表面抹平，撒上酌量油蔥酥，覆蓋鋁箔紙，移入電鍋中，外鍋加5杯水，按下電源開關蒸煮，煮至跳起後，多燜10分鐘再取出。

4. 蒸好的芋頭糕略涼後可直接切片食用，或是再煎過更香酥。

NOTE
剛蒸完的芋頭糕軟綿綿，如果沒有要立即食用，可以放涼後覆蓋上保鮮膜，入冰箱冷藏2~3小時，使定型變硬，之後再切會較漂亮。

馬鈴薯

產季：冬、春（12月～4月）。

外觀：發芽的馬鈴薯帶有毒素，又稱馬鈴薯毒素，千萬避免食用。

挑選：盡量挑選圓潤的形狀、避免表皮變色潰爛，用手按壓緊實者為佳。

特性：馬鈴薯是世界上最主要的主食，挑選馬鈴薯首要留意，就是不能有「芽眼」！

料理變化

金黃薯條→ P24

馬鈴薯沙拉→ P26

酥炸薯餅→ P26

馬鈴薯燉肉→ P28

Point **1** 清洗法

用菜瓜布將馬鈴薯上的泥土清洗乾淨後，若有芽眼需挑除，再用刨刀削去外皮即可。

Point **2** 保存法

還沒要食用的馬鈴薯，請放在陰涼乾燥處，但要避免受潮，不然容易導致馬鈴薯發芽。

Point **3** 防止氧化法

削皮後的馬鈴薯，接觸空氣容易氧化變黑，所以去皮後若沒有要馬上料理，可先浸泡在鹽水中，防止氧化。

Point **4** 適合料理法

馬鈴薯吃法眾多，最常見的就是切大塊來烤或燉煮，甚至直接對切或整顆料理都可以；小朋友愛吃的則為切成條狀的薯條，或是切丁做成薯餅。

切條

切丁

切塊

用烤箱零油煙

10 金黃薯條 食譜ID 110022

材料（2人份）

馬鈴薯（去皮、切厚長條）	3顆
橄欖油	15ml
鹽	5g
黑胡椒粉	少許
辣椒粉	少許

作法

1. 馬鈴薯條浸在冷開水裡30分鐘，再用紙巾吸乾水分。

2. 將【作法1】均勻鋪在烤盤上，再淋上橄欖油拌勻，撒上鹽、黑胡椒粉、辣椒粉。

3. 放入已預熱200℃的烤箱中，烤15分鐘後取出將薯條快速翻面，再放回烤箱續烤15分鐘。

4. 接著將烤箱溫度調高至220℃，再烤10～15分鐘，至薯條呈金黃色即完成！

NOTE
· 【作法1】將馬鈴薯泡水，是為了讓馬鈴薯的澱粉質慢慢釋出，這時候馬鈴薯內的氣孔就會變大，烤出來的薯條會更酥脆。
· 依各廠牌烤箱略有不同，烤的時間可依情況做調整。

烤

拌

馬鈴薯沙拉

炸

酥炸薯餅

營養滋味小孩最愛

11 馬鈴薯沙拉

食譜ID 27395

材料（3人份）

馬鈴薯（去皮、切小塊）	3顆
小黃瓜（切圓形薄片）	1條
紅蘿蔔（切小丁）	1條
雞蛋	2顆
火腿（切丁）	1片
沙拉醬	適量
鹽	適量

作法

1. 雞蛋放入滾水中煮成水煮蛋，再撈起去殼。火腿丁燙熟，備用。

2. 小黃瓜片加鹽抓勻，待出水後，擠出鹽水備用。

3. 馬鈴薯塊、紅蘿蔔丁放入鍋內，加入剛好可蓋過食材的水量，再加入適量鹽，邊煮邊攪拌至水分收乾，熄火放涼。

4. 取大碗裝入【作法3】的馬鈴薯壓成泥、紅蘿蔔丁、【作法1】的水煮蛋切碎，與沙拉混合拌勻。最後再加入火腿丁和小黃瓜片，混合均勻即可。

NOTE

若擔心吃起來太膩，沙拉醬的分量可依個人喜好調整。

熱賣的早餐點心

12 酥炸薯餅

食譜ID 106676

材料（3人份）

馬鈴薯（去皮、切細丁）	300g
鹽	5g
太白粉	15g

作法

1. 馬鈴薯丁用電鍋蒸熟，趁熱加入鹽、太白粉拌勻。

2. 取適量【作法1】用雙手壓緊呈球狀，再壓扁成橢圓餅狀。

3. 鍋加入稍多的油燒熱，開中小火用半煎炸方式炸薯餅，待一面呈金黃色後再翻面炸另一面，不要太快翻面以免散掉，待兩面都炸至金黃後，起鍋瀝油即完成。

NOTE

【作法2】整形時可戴手套，雙手抹上少許油幫助塑形，同時也可以防止馬鈴薯沾黏。

燉

日本家常料理

13　馬鈴薯燉肉

食譜ID 104181

材料（3人份）

馬鈴薯（去皮、切塊）	2顆
紅蘿蔔（去皮、切塊）	1/2條
梅花豬肉片	600g
甜豆	10根

調味料

清酒	15ml
醬油	90ml
味醂	10ml
水	300ml

作法

1. 鍋加油燒熱，放入肉片拌炒至肉色變白後，加入清酒。

2. 接著放入馬鈴薯塊和紅蘿蔔塊拌炒，再加入醬油、味醂、水，然後煮滾。

3. 將【作法2】盛入電鍋內鍋，再加入甜豆，外鍋加2杯水燉煮。

4. 煮到電鍋開關跳起後，再多燜10分鐘即可。

NOTE

當【作法2】煮滾時，可將浮上鍋的雜質撈除。

產季：全年皆有，以冬、春兩季最盛（12月～4月）。

Point 1　挑選重點

好的紅蘿蔔，表面不可有裂痕、盡量保持光滑不粗糙。根鬚不要太多，用手指輕彈表皮有厚實聲音者最佳。

Point 2　清洗法

在水龍頭下以軟毛刷，邊沖洗、邊刷，重複約2～3次後，接著用刨刀削去外皮後，再用清水沖洗一次即可。

Point 3　保存法

未使用的紅蘿蔔可放陰涼處儲存，記得切除上端葉子的部分，可避免水分過度流失；若使用剩下的紅蘿蔔，需將切口處用保鮮膜包緊，放入冰箱冷藏，並盡快食用完畢。

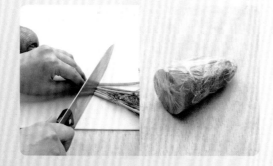

Point 4　適合料理法

紅蘿蔔的護眼功效最為人知，但必須在經油炒加熱後，β-胡蘿蔔素才會釋放出來。紅蘿蔔非常耐煮，煮越久越甜越好吃，切滾刀多用在燉煮料理；切片、切絲、切丁則多用於快炒，除了好吃之外，拿紅蘿蔔來當作裝飾配菜也非常好看。

切丁
滾刀塊
切片
切絲

白蘿蔔

產季：全年皆有，但以冬季最美味
（11月～2月）。

Point 1 挑選重點

好的白蘿蔔，拿在手上要沉、外皮的根鬚少
且橫紋少。用手指輕彈，若發出清脆的聲
音，表示含水量充足。

Point 2 清洗法

在水龍頭下以軟毛刷，邊沖洗、邊刷，重複
約兩次，接著用刨刀削去外皮後，再用清水
沖洗一次。

Point 3 保存法

未切開的白蘿蔔可放在陰涼處保存一星期，
若已切開未烹煮的，需將切口處用保鮮膜包
緊後，放入冰箱冷藏，並盡快食用完畢。

Point 4 適合料理法

白蘿蔔非常耐煮，甚至煮越久、越入味好
吃，多以滾刀切塊的方式燉煮，亦可涼拌生
吃，多以切絲、切薄片為主。

切塊

切薄片

切絲

炒

紅蘿蔔炒蛋

醃

醃漬蘿蔔片

32

營養的便當菜

14 紅蘿蔔炒蛋

食譜ID 92403

材料（2人份）

紅蘿蔔（去皮、切絲）	1條
雞蛋（打散）	3顆
蔥（切末）	1支
鹽	適量
水	適量

作法

1. 鍋加油燒熱，放入紅蘿蔔絲快速拌炒，再加適量水炒至紅蘿蔔變熟變軟。

2. 依照個人口味加鹽調味，然後再將蛋液均勻淋在紅蘿蔔絲表面。

3. 待蛋液約八分熟略凝固時，再翻炒拌勻，起鍋前撒上蔥花炒勻即完成。

> **NOTE**
> 紅蘿蔔本身的甜味只需加鹽就可以帶出來，不需要多餘的糖或其他調味料。

台式涼拌菜代表

15 醃漬蘿蔔片

食譜ID 97145

材料（2人份）

白蘿蔔（不去皮、切長片）	
	1/2條
辣椒（切片）	1/2根
白醋	60ml
糖	20g
水	25ml
鹽	適量

作法

1. 將白醋、糖、水煮沸拌勻，可依照自己口味調整後放涼，備用。

2. 白蘿蔔撒鹽後攪拌均勻，靜置1小時，待蘿蔔出水後倒掉鹽水，再用冷開水洗淨鹽分，擠乾白蘿蔔，備用。

3. 將【作法1】的醃汁、【作法2】的白蘿蔔片以及辣椒片混合後攪拌均勻，放入冰箱冷藏。

4. 冷藏期間須不時適度翻動，讓蘿蔔均勻入味，醃漬約5～7天後風味最佳。

> **NOTE**
> 白蘿蔔不必去皮，但須將表皮刷洗乾淨並晾乾後，再切成長條狀。

煮

清爽不膩的蔬菜湯

16 紅白蘿蔔湯

食譜ID 62177

材料（4人份）

紅蘿蔔（去皮、切塊）	1/2條
白蘿蔔（去皮、切塊）	1條
豬小排	12塊
薑（切片）	5片
米酒	少許
胡椒粉	少許
鹽	適量
芹菜（切末）	適量

作法

1. 豬小排放入滾水鍋中汆燙去血水，再撈起瀝乾。

2. 煮一鍋水（1200ml）煮沸，水滾後加入紅蘿蔔塊、白蘿蔔塊、薑片、【作法1】的豬小排。

3. 等到水再次滾沸後，蓋上鍋蓋轉小火續煮30分鐘，起鍋前加入米酒、胡椒粉、鹽，依照個人喜好調味。

4. 盛碗後可撒上芹菜增加風味。

NOTE

豬小排先汆燙過，之後煮湯才會清澈。

傳承已久的古早味

17 蘿蔔滷雞腿

食譜ID 48380

材料（4人份）

白蘿蔔（去皮、切長條）	2/3條
雞翅腿	8支
水煮蛋（去殼）	3顆
蔥（切段）	1根
老薑	4片
蒜（蒜仁）	6瓣
辣椒（切片）	1根

調味料

紹興酒	30ml
醬油	100ml
糖	2g

作法

1. 雞翅腿放入滾水鍋中汆燙去血水，再撈起瀝乾。

2. 將蔥、薑、蒜放入鍋中，再加入【調味料】煮滾，接著加入白蘿蔔條、【作法1】雞翅腿、水煮蛋。

3. 用大火煮至滾沸後轉小火，加蓋繼續燉滷40分鐘至入味即可。

4. 嗜辣者可加入辣椒片增味！

NOTE

【作法3】大火煮滾時，記得將冒出的泡泡與雜質撈除。

18 蘿蔔絲餅

食譜ID 67787

材料（4人份）

白蘿蔔（去皮、切絲）	300g
蔥（切絲）	30g
豬肉絲	150g
中筋麵粉	100g
水	50ml
鹽	少許

醃料

醬油	15ml
胡椒粉	少許
米酒	少許
太白粉	2g

沾醬

醬油	25ml
蒜（切末）	3瓣
香油	少許
胡椒粉	少許
味醂	3ml

作法

1. 豬肉絲加入拌勻的【醃料】，抓勻後靜置10分鐘。

2. 白蘿蔔絲加鹽，抓拌均勻，約5分鐘後出水倒除水分。

3. 中筋麵粉加水調勻，再加入蔥絲、【作法2】白蘿蔔絲、【作法1】豬肉絲，全部拌勻，靜置10分鐘。

4. 鍋加入稍多的油燒熱，將【作法3】取適量分批入鍋，以半煎炸方式煎至兩面呈金黃色，即可起鍋瀝油。

煎

NOTE
【作法3】攪拌好的麵糊，可讓它靜置10分鐘後再下鍋，這樣味道會更融合、更美味。

蒸

NOTE
由於蘿蔔會出水，所以需要先抓除水分，不然會稀釋粉漿濃度，讓做出來的蘿蔔糕水分太多、太過軟嫩。

年節應景的人氣點心

19 蘿蔔糕

食譜ID 65382

材料（6人份）

白蘿蔔	1條
紅蘿蔔	1條
乾香菇	10朵
櫻花蝦	45g

粉漿

市售蘿蔔糕粉	1包（500g）
水	1200ml

調味料

鹽	10g
白胡椒粉	適量

作法

1. 乾香菇泡溫水軟化後，切細絲；紅、白蘿蔔刨絲，加入10g鹽，抓捏出水分後瀝乾。

2. 炒鍋加入適量油，爆香香菇絲、櫻花蝦，再放入紅、白蘿蔔絲拌炒，加入白胡椒粉提味，再加入700cc水煮滾後熄火。

3. 電鍋內鍋墊上蒸粿布（或是塗刷一層油），將【粉漿】拌勻後倒入，再加入【作法2】，外鍋加入400cc水，按下電源開關蒸煮。

4. 煮至開關跳起後，取出待涼。可以直接切片食用，或是再入鍋煎過更香酥。

蓮藕

產季：秋、冬（9月～2月）。

Point 1　挑選重點

挑選蓮藕首先要看外表，最好是黃褐色且無異味，避免凹凸不平。藕節也要挑選肥短者，這樣表示已成熟。

若是市面上販售已經切開的蓮藕，則可選擇藕藕孔洞較大者，代表較多汁。也可挑選蓮藕頂部第一、二節的部分，質地較嫩，口感也比較脆。

Point 2　清洗法

蓮藕料理多為帶皮一起煮，所以必須利用流水沖洗，邊用軟毛刷清洗乾淨後，再分別切開藕節。

Point 3　保存法

覆蓋濕泥沙土的蓮藕，可直接在陰涼處放一星期，或是用紙巾把蓮藕包起來後，放到冰箱冷藏一星期。若是用剩下的蓮藕，則可以先將外皮清洗乾淨、切片放進醋水稍微浸泡一下後放入封口袋，放入冰箱冷凍，冷凍可保存六星期。

Point 4　適合料理法

蓮藕是蓮花的地下莖，膳食纖維非常豐富，不易煮軟，所以大多以切薄片或切小塊的方式料理，適用於涼拌、燉煮或是熱炒料理。

切片

煮

夏天解熱湯品

20 蓮藕玉米排骨湯

食譜ID 27965

材料（4人份）

蓮藕（去皮、切塊）	1條
玉米（切小塊）	1條
排骨	600g
薑（切片）	5片
香菜	適量
米酒	45ml
鹽	適量

作法

1. 排骨放入滾水鍋中汆燙去血水，再撈起瀝乾。

2. 將蓮藕塊、玉米塊、薑片、【作法1】的排骨一起放入電鍋內鍋，倒入米酒，再加水到內鍋的八分滿。

3. 外鍋加3杯水，煮到電鍋開關跳起後，外鍋再加3杯水再次燉煮。

4. 等開關再次跳起後，即可依個人喜好加鹽調味，再撒上香菜增加風味。

NOTE

【作法1】汆燙時，也可以加入一些薑片，幫助去除肉腥味。

開胃的佐餐小菜

21 蜜蓮藕

食譜ID 91593

材料（5人份）

蓮藕（去皮、切薄片）	5節
冰糖	適量
麥芽糖	適量

作法

1. 蓮藕片放入鍋中，倒入可淹蓋過的水，水滾後轉小火蓋上鍋蓋，煮至蓮藕完全熟透軟化，再倒除水分。

2. 依個人甜度喜好，將冰糖與麥芽糖加入【作法1】中，用小火熬煮20分鐘，至糖融化變稠，附著於蓮藕上變褐色即起鍋。

3. 待涼後可放入冰箱冷藏，冰過更好吃！

NOTE
- 【作法1】蓮藕熟透程度，可依個人口感決定軟硬度。
- 當【作法2】糖開始變褐色時，接下來會焦得很快，須注意時間。

酸辣脆口的美味

22 辣拌蓮藕

食譜ID 23009

材料（5人份）

蓮藕（去皮、切薄片）	4節
白砂糖	45g
白醋	15ml
辣椒（切片）	適量

作法

1. 蓮藕片放入滾水中燙約5分鐘，撈起瀝乾水分，趁熱拌入白砂糖、白醋。

2. 拌勻後放涼，加入辣椒片，再移入冰箱冷藏8小時至入味。

煮

拌

蜜蓮藕

辣拌蓮藕

Rhizome

根莖類 | 山藥

產季：秋、冬、春（9月～4月）。

紫山藥

外觀：品質好的山藥，外表光滑無裂痕。

品種：除了一般常見的白色山藥，另外也有紫色山藥。紫山藥外皮呈現深褐色，因含有大量紫色花青素，所以呈現紫色的肉質。

挑選：根鬚少、拿起來沈重的最佳。

白山藥

料理變化

山藥炒雞肉→ P44

酥炸山藥球→ P46

胡麻拌山藥→ P46

Point 1 清洗法

在水龍頭下以軟毛刷邊洗邊刷，重複約兩次即可。山藥易滑手不好拿，可戴上料理手套，削皮就不怕手滑難削了。

Point 2 保存法

山藥的料理要用多少再取多少，若有剩下部分，需將缺口用保鮮膜包緊後，放入冰箱冷藏，建議在一星期內食用完畢。

Point 3 加醋水汆燙

如果沒有手套，又因山藥容易滑手不好拿，也可以將洗好的山藥，放進加了一點白醋的熱水中，汆燙約5分鐘（外層熟了，內層仍然是生的），取出後外層就有防滑作用。

Point 4 適合料理法

山藥的質地黏滑，可以生吃或熟食，削皮後要盡快料理，否則容易氧化發黑！建議現切現煮，不然就要將切好的山藥放入鹽水中，以降低變黑的速度。切塊的山藥多用於燉煮，而切成條狀或小丁狀的山藥，則多用於涼拌或快炒。

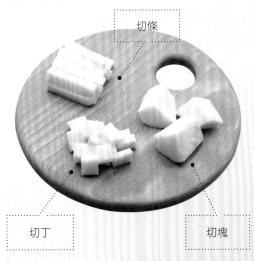

切條

切丁　　切塊

帶便當也很適合

23 山藥炒雞肉

食譜ID 32618

材料（3人份）

山藥（去皮、切長條）	200g
雞腿肉（切小塊）	150g
蔥（切小段）	1支
鹽	3g
胡椒粉	15g
米酒	15ml

醃料

薑（磨泥）	少許
米酒	15ml
鹽	少許

作法

1. 將雞肉塊加入【醃料】混合拌勻，醃30分鐘。

2. 鍋加油燒熱，將【作法1】雞皮面朝下，用中火煎至皮變金黃。

3. 此時轉中大火，加入山藥條拌炒1分鐘，嗆入米酒、轉小火加蓋燜1~2分鐘。

4. 開蓋加入蔥段、鹽、胡椒粉拌炒均勻，即可盛盤。

炒

炸

酥炸山藥球

拌

胡麻拌山藥

山藥

飯後的甜蜜小點

24 酥炸山藥球

食譜ID 95226

材料

紫山藥（去皮、切片）	300g
糖	30g
煉乳	15ml
蛋黃	1顆
桂圓肉	適量

裹粉

麵粉（中筋或低筋）	適量
雞蛋（打散）	1顆
麵包粉	適量

作法

1. 紫山藥片蒸熟，趁熱壓成泥，再加入糖、煉乳、蛋黃一起拌揉均勻。

2. 取適量【作法1】的山藥泥，包入桂圓肉，揉成圓球狀（每顆山藥球重約30g）。

3. 將【作法2】的山藥球，依序沾裹麵粉、蛋液、麵包粉，再放入熱油鍋中，炸至表皮金黃，即可撈起瀝油。

NOTE

【作法2】山藥泥搓成球狀前，記得用水先沾濕雙手，不然山藥泥會黏在手上，不好成團。

清新的和風開胃菜

25 胡麻拌山藥

食譜ID 81469

材料（2～3人份）

山藥（去皮、切條）	適量
胡麻醬	適量
白芝麻	適量

作法

1. 山藥條放入熱水鍋中，快速汆燙15秒即撈起，再用冷水快速沖涼、冰鎮，即瀝乾盛盤。

2. 淋上胡麻醬、撒白芝麻即可。

NOTE

可自製日式風味胡麻醬，因為多了和風醬油香的微酸，有別於台式味道單一的芝麻醬，只要將「日式和風醬油30ml＋糖5g＋芝麻醬40g」混合均勻即可。

產季：全年皆有，盛產期為10月～3月。

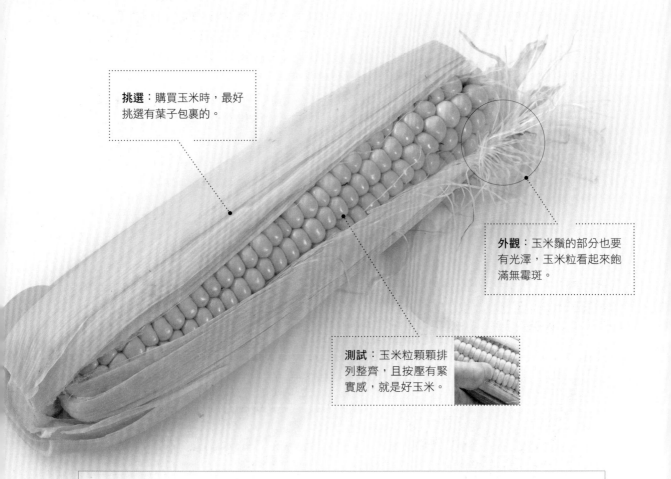

挑選：購買玉米時，最好挑選有葉子包裹的。

外觀：玉米鬚的部分也要有光澤，玉米粒看起來飽滿無霉斑。

測試：玉米粒顆顆排列整齊，且按壓有緊實感，就是好玉米。

料理變化

蓮藕玉米排骨湯→ P39

蒸煮玉米→ P50

玉米炒絞肉→ P51

玉米濃湯→ P52

Point 1 清洗法

清洗玉米前，記得先脫去玉米葉與玉米鬚，然後利用軟毛刷，在流動的水下，邊沖洗、邊刷，記得縫隙要仔細刷洗乾淨。

Point 2 保存法

帶葉的玉米可放置陰涼乾燥處3天；若是要放入冰箱冷藏，可先去除外葉剩下兩三片後，用牛皮紙包裹起來，放入塑膠袋中冷藏；假如外葉已事先被去除，建議用保鮮膜緊密包裹後，放入塑膠袋中冷藏，建議3天內食用完畢為佳。

Point 3 適合料理法

最常見的玉米料理方式，就是切段煮湯，或是將玉米粒取下熱炒。也有市售玉米粒罐頭，可供省時者的另一個選擇。

Point 4 玉米家族

除了黃玉米外，常見的還有白玉米、紫玉米，口感較緊實，水煮就很美味。也有口感清甜的玉米筍，稍微汆燙、快炒或烘烤都很美味。

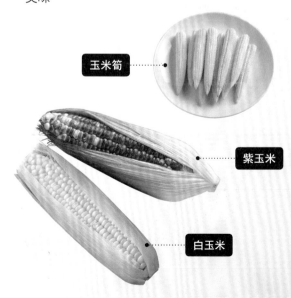

玉米筍

紫玉米

白玉米

蒸

每一口都吃得到原味

26 蒸煮玉米

食譜ID 31248

材料（3人份）

玉米	6支
鹽	5g
水	適量

作法

1. 將玉米撥掉一些外葉後，用水沖洗乾淨。

2. 玉米均勻塗抹些許鹽，放入大碗內，再擺入電鍋。

3. 外鍋加入1杯水蒸煮，開關跳起後，再略燜一下即可。

NOTE
玉米趁熱吃才會有飽滿的感覺，若是涼了水分就蒸發了，所以沒吃完一定要蓋上蓋子冰起來，重新再加熱一樣美味。

小朋友的最愛

27 玉米炒絞肉

食譜ID 36624

材料（2人份）

玉米粒（罐頭）	75g
絞肉	120g
蔥（切末）	1支
黑胡椒粉	適量
鹽	適量
水	180ml

醃料

鹽	3g
糖	1g
黑胡椒粉	少許

作法

1. 絞肉用【醃料】拌勻醃10分鐘。

2. 鍋加油燒熱，放入【作法1】的絞肉炒到全熟，再加入玉米粒快炒1分鐘。

3. 依照個人口味加入黑胡椒粉、鹽與水，蓋鍋蓋燜煮5分鐘，起鍋前撒上蔥花翻炒均勻即可。

NOTE

本道是用罐頭玉米粒，因此只須快炒1分鐘，若使用新鮮生玉米，則須多炒一會兒至熟透。

炒

老少咸宜的大眾湯

28 玉米濃湯 食譜ID 19910

材料（4人份）

玉米粒（罐頭）2罐	（400g）
馬鈴薯（去皮、切塊）	150g
鮮奶	300ml
雞高湯	400ml
糖	3g
蒜頭（壓泥）	1瓣
培根	1片

作法

1. 馬鈴薯塊蒸熟；培根煎熟、切末，備用。

2. 將熟馬鈴薯塊、玉米粒及鮮奶一起放入果汁機中（可預留些許玉米粒不攪打），打至沒有顆粒，再用濾網過篩至鍋中。

3. 【作法2】的鍋中加入雞高湯混合均勻後，加入蒜泥及糖，再用小火煨煮至滾。湯快滾前須不斷攪拌，防止黏鍋。

4. 盛碗後可在湯裡加些玉米粒與培根末，增添口感。

> **NOTE**
> 【作法2】多了過濾的步驟，可以增添濃湯的滑順與細緻口感。

蘆筍

產季：春、夏、秋（4月～10月）。

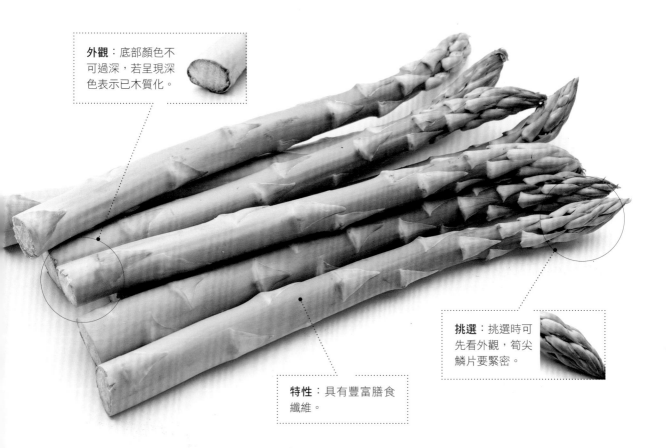

外觀：底部顏色不可過深，若呈現深色表示已木質化。

挑選：挑選時可先看外觀，筍尖鱗片要緊密。

特性：具有豐富膳食纖維。

料理變化

清炒蘆筍蝦仁→ P56

鮮菇蘆筍炒蛋→ P57

蘆筍炒肉絲→ P58

蘆筍中卷→ P59

Point 1 清洗法

蘆筍的外皮角質纖維較高，清洗時可利用菜瓜布刷洗底部。

Point 2 保存法

蘆筍保存須先用紙巾擦乾蘆筍上半部水分保持乾燥、下半部則用濕的紙巾包裹，然後再用牛皮紙袋包起來後，放冰箱冷藏。

Point 3 這樣更嫩口

蘆筍外皮纖維較粗，所以料理前可以先用刨刀，削去靠近底部的外皮。

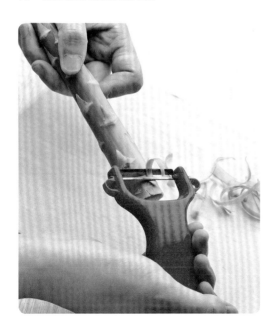

Point 4 適合料理法

無論中式、西式料理都常見到蘆筍的身影。常用的切法有切段清炒、切片燴燒，或是整根用烤的，都可以吃到蘆筍的清甜。

整根

切片

切段

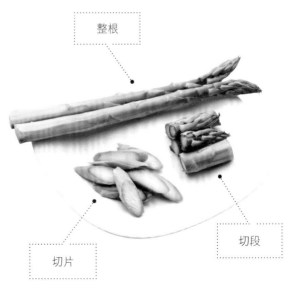

炒

29

翠綠顏色食慾大開

清炒蘆筍蝦仁

食譜ID 18841

材料（2人份）

蘆筍（去絲、切段）	1把
蝦仁（去腸泥）	10隻
蒜（切末）	2瓣
鹽	少許
米酒	少許

作法

1. 蝦仁放入滾水中汆燙半熟，撈起瀝乾。

2. 鍋加油燒熱，放入蒜末爆香，再放入蘆筍段翻炒，再放入【作法1】蝦仁炒勻後，倒入少許米酒，起鍋前依照個人口味加入鹽調味即可。

大口吃蔬食

30 鮮菇蘆筍炒蛋

食譜ID 48913

材料（2人份）

蘆筍（切小段）	1把
鴻喜菇	1/2半包
蛋（打散）	2顆
醬油	30ml
味醂	5ml

作法

1. 鍋加油燒熱，放入鴻喜菇拌炒至出水變香後，再加入蘆筍段與少許水繼續拌炒。

2. 待蘆筍變軟後，倒入蛋液至微微凝固後，再拌炒均勻，最後加入醬油、味醂調味即可。

炒

零廚藝也做得到

31 蘆筍炒肉絲

食譜ID 20552

材料（2人份）

蘆筍（切段）	100g
豬肉絲	150g
鹽	適量

醃料

醬油	適量
太白粉	適量

作法

1. 將豬肉絲以醬油略醃漬，再用太白粉抓勻。

2. 熱鍋加入少許食用油，放入【作法1】肉絲、蘆筍段同炒。

3. 起鍋前再加入少許鹽，翻炒均勻調味即可。

NOTE

蘆筍可以生吃也很快熟，所以若是想吃的脆一點，也可以慢一點下鍋，或是加快拌炒的動作。

蒸

山珍海味集一家

32　蘆筍中卷

食譜ID 28517

材料（4人份）

蘆筍	1把
紅蘿蔔	1根
中卷	1隻

調味料

米酒	15ml
泰式甜辣醬	30ml
胡椒粉	少許
香油	5ml
玉米粉	適量

作法

1. 去除中卷頭部、內臟、中間硬管，並撕下兩片尾鰭，和整張外皮薄膜，內外清洗乾淨。

2. 中卷頭部去除眼珠、切丁，紅蘿蔔、蘆筍切丁，並與【調味料】拌勻。

3. 將【作法1】中卷填入【作法2】餡料，開口處以牙籤固定。

4. 放入電鍋，外鍋加入1杯水，按下電源開關蒸煮，煮至開關跳起後取出，切成厚片狀即可。

Bulb
鱗莖類 | 洋蔥

產季：冬、春（1月～4月）。

挑選：避免購買已經剝好皮的洋蔥，新鮮度會大幅減低。

各式料理

洋蔥炒蛋→ P62

涼拌紫洋蔥→ P62

清燉洋蔥牛肉湯→ P64

焗烤洋蔥湯→ P66

外觀：觸摸看外皮是否光滑，避免有凹陷，也要避免買到已經發芽的洋蔥。

Point 1 　保存法

尚未料理的洋蔥，可利用網袋裝入洋蔥，吊掛在通風處；若已經切開卻沒有用完，則可以用保鮮膜包裹後，放入冰箱冷藏 2 天。

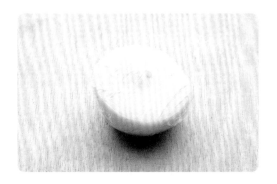

Point 2 　降低嗆辣法

洋蔥的辛味雖然嗆人，但許多人也就是偏好這一味，如果你不喜歡洋蔥那麼嗆辣，或想做成涼拌生吃，可以試試將洋蔥去皮後，在流動的水下沖洗，接著切片後放入冰水中，浸泡約 15 分鐘，中途可替換新的冰水，即可大幅降低辛辣的嗆味。

Point 3 　適合料理法

煮過的洋蔥，味道會變得溫醇，是許多料理不可或缺的食材。洋蔥在料理的運用真的太廣了！常見將洋蔥切成丁狀或絲狀，用於涼拌或快炒；切成片狀燉煮；切成圈狀油炸；甚至直接將整顆洋蔥蒸煮，熬湯底。

切丁
切圈
切絲
切片

Point 4 　其他色澤洋蔥

除了常見的棕皮洋蔥外，在市面上也可以見到白洋蔥或紫洋蔥！紫洋蔥的辣味重又嗆，口感較一般洋蔥更爽脆，拿來當作涼拌沙拉，好看又好吃；白洋蔥水分多、甜度高，所以適合用在烘烤或燉煮等料理上。

白洋蔥
紫洋蔥

炒

洋蔥炒蛋

拌

涼拌紫洋蔥

清甜滑順營養豐富

33 洋蔥炒蛋

食譜ID 23296

材料（2人份）

洋蔥（切絲）	1顆
蛋（打散）	3顆
鹽	適量
黑胡椒	少許

作法

1. 鍋加油燒熱，將洋蔥絲下鍋炒到呈現微微透明，再均勻淋上蛋液。

2. 待蛋液約八分熟略凝固時，再翻炒拌勻，炒到自己喜歡的軟硬度。

3. 依個人口味加入少許鹽調味，起鍋時再撒上黑胡椒即可。

NOTE

炒洋蔥時可添加入少許水，增加洋蔥軟化的速度。

冰冰涼涼沁脾胃

34 涼拌紫洋蔥

食譜ID 26962

材料（3人份）

紫洋蔥（切絲）	1顆
白芝麻	少許
柴魚片	少許

調味料

砂糖	少許
香油	少許
鹽	少許
白醋	少許

作法

1. 將洋蔥切細絲後，泡在冷開水裡浸泡約3分鐘，再瀝乾換一次水，然後連同水一起冰到冰箱冷藏30分鐘。

2. 取出【作法1】的洋蔥絲瀝乾水分，加入混合均勻的【調味料】，再撒上白芝麻。

3. 再次放入冰箱冷藏約2小時，至入味即可，盛盤後撒上柴魚片增加風味。

NOTE

【作法1】洋蔥泡水可去除辣味，一定要泡水後再換水，才能有效去辣。此外冰鎮也可以降低洋蔥的辛辣味，怕辣的人可以冰鎮久一點（約30分鐘）。

溫補又清香暖胃

35　清燉洋蔥牛肉湯 食譜ID 71771

材料（3人份）

洋蔥（切粗絲）	1顆	水	600ml
紅蘿蔔（切滾刀）	1條	白醋	5ml
牛腩（切塊）	300g	胡椒粉	適量
薑（切片）	4片	鹽	適量
米酒	120ml		

作法

1. 鍋加少量油燒熱，放入薑片炒香，再放入牛腩塊、一半的米酒與少許胡椒粉一起炒香。

2. 再將紅蘿蔔塊、洋蔥絲下鍋翻炒後，加水、白醋、剩餘另一半的米酒，拌勻後蓋上鍋蓋，用中小火慢燉90分鐘（要讓水量保持蓋過食材）。

3. 依據個人口味，起鍋前可加入適量的胡椒粉和鹽調味。

> **NOTE**
> 若以微火煲湯的話，水至少要多加150ml以上慢燉才行。

燉

烤

濃郁的西餐湯品

36 焗烤洋蔥湯

食譜ID 79598

材料（3人份）

洋蔥（切絲）	1顆
蘑菇（切片）	8顆
紅蘿蔔（切絲）	20g
蒜（切末）	1顆
奶油	15g
中筋麵粉	15g
水	450ml
鹽	適量
黑胡椒粉	適量
乳酪絲	適量

作法

1. 鍋加奶油燒熱，爆香蒜末與洋蔥絲，翻炒到洋蔥變軟。

2. 再加入蘑菇片與紅蘿蔔絲，炒到蘑菇開始釋出水分變軟。

3. 加入中筋麵粉一起拌炒，然後倒入水熬煮，煮滾後轉小火續煮10分鐘，再依個人加鹽與黑胡椒粉調味。

4. 取個人湯碗盛裝【作法3】洋蔥湯，表面鋪上乳酪絲，放入烤箱烤到乳酪絲融化即可。

NOTE

【作法3】炒麵粉時如有結團，是正常現象，只要將麵粉炒熟即可。
加水後可以視湯的濃稠度，增加麵粉或減少水量做調整。

南瓜

產季：春、夏、秋（3月〜10月）。

外觀：蒂頭若是變成深褐色或黑色，表示南瓜肉質已經纖維化，請勿選購。

挑選：表皮顏色，盡量不變色、不能有黑斑點，拿起來紮實沈重為佳。

特性：又稱「金瓜」，味道甘甜，含豐富的蛋白質。

各式料理

南瓜燉肉→ P70

南瓜炒米粉→ P71

南瓜雞肉炊飯→ P72

南瓜海鮮煎餅→ P74

南瓜濃湯→ P74

Point 1 清洗法

南瓜整顆都很有營養成分（包括皮跟籽），若帶皮一起烹調，表皮要仔細清洗乾淨，可用軟刷子邊沖水邊刷洗。需要削皮的話，先用乾淨的布將表皮擦乾，再用菜刀削皮，若是覺得菜刀削下的皮過厚，可用刨刀削皮。

Point 2 去籽法

將南瓜對半剖開後，再用湯匙挖除內部的瓜籽，至於瓜囊纖維則不用完全去除。南瓜子經過曬乾加工，就是常見的堅果零嘴「南瓜子」。

Point 3 保存法

南瓜若沒有要立即料理，建議不要清洗，直接放在陰涼處保存即可，保存期可達三個月至半年。若是已經切開的南瓜，建議包緊保鮮膜，放入冰箱冷藏，冷藏可保存一星期。

Point 4 適合料理法

南瓜料理方式眾多，煮湯或蒸煮時，多切大塊狀；涼拌時切片；炒南瓜米粉，則多用切絲或刨絲的方式。

切片

切塊

切絲

鹹甜夠味好下飯

37　南瓜燉肉

食譜ID 119141

材料（3人份）

南瓜（去皮、去籽、切塊）	1/2顆（500g）
牛肉薄片	300g
洋蔥（切塊）	1顆
蒜（切末）	1瓣

調味料

醬油	60ml
味醂	60ml
米酒	15ml
糖	5g
水	200ml

作法

1. 鍋加油燒熱，炒香蒜末和洋蔥塊，再加入南瓜塊和混勻的【調味料】拌勻。

2. 將【作法1】盛入電鍋內，外鍋加1杯水燉煮。

3. 煮到開關跳起後，再擺入牛肉片略為拌勻，續燜至熟即完成。

NOTE
牛肉片也可用豬肉片替換。

燉

炒

老媽的拿手料理

38　南瓜炒米粉

食譜ID 78834

材料（3人份）

南瓜（去皮、去籽、切絲）	150g
米粉（用水泡軟）1包（200g）	
高麗菜（切絲）	1/4顆
紅蘿蔔（切絲）	1/2條
香菇（切絲）	3朵
木耳（切絲）	2朵
芹菜（切小段）	2支

調味料

醬油	30ml
鹽	適量
胡椒粉	適量

作法

1. 鍋加油燒熱，加入高麗菜絲、紅蘿蔔絲、香菇絲、木耳絲、芹菜段後加入60ml的水，待煮滾後再加入南瓜絲一起拌炒。

2. 依照個人口味斟酌加入【調味料】，再加入已泡軟的米粉用小火拌炒，待米粉炒熟、湯汁收乾即可起鍋。

NOTE
拌炒米粉時用小火拌炒即可，避免燒焦。

蒸

電鍋幫忙好簡單

39 南瓜雞肉炊飯

食譜ID 59011

材料（4人份）

南瓜（去籽、不去皮、切塊）	
	150g
白米（洗淨、瀝乾）	2杯
雞胸肉（切塊）	300g
香菇（切小塊）	10朵
洋蔥（切丁）	1/3顆
薑（切末）	5片
芹菜（切末）	2支

調味料

香油	15ml
醬油	30ml
麻油	15ml
味醂	15ml
鹽	5g
胡椒粉	適量

作法

1. 鍋加油燒熱，加入薑末及洋蔥丁爆香後，再放入雞胸肉塊拌炒至肉色變白。

2. 放入香菇塊與南瓜塊，拌炒後加入混合均勻的【調味料】，再加入生白米拌炒均勻。

3. 將【作法1】盛入電鍋內，加入550ml的水，外鍋加1杯水蒸煮。

4. 煮到開關跳起後，撒上芹菜末，拌勻即可。

NOTE

水量的多寡，可依照個人對米飯軟硬程度的喜好，增減調整。

煎

南瓜海鮮煎餅

南瓜濃湯

煮

正餐點心都適宜

40 南瓜海鮮煎餅

食譜ID 54535

材料（3人份）

材料	
南瓜（去皮、去籽、刨絲）	150g
蝦仁（去除腸泥）	18隻
洋蔥（切末）	120g
芹菜（切末）	20g
胡椒鹽	10g

麵糊

材料	
太白粉	30g
中筋麵粉	100g
水	120ml
雞蛋	1顆

作法

1. 鍋加油燒熱，先將蝦仁煎至兩面金黃，盛起備用。

2. 續原鍋，將洋蔥末炒至呈透明狀後，再加入南瓜絲拌炒變軟。

3. 【麵糊】材料拌勻。將炒好的蝦仁、洋蔥與南瓜倒入調好的【麵糊】中，再加芹菜末與胡椒鹽，攪拌均勻。

4. 取平底不沾鍋加入稍多的油燒熱，倒入【作法3】鋪平，轉小火蓋上鍋蓋幫助燜熟，待煎餅凝固後，再翻面煎熟，至雙面都金黃酥脆即可。

NOTE

【作法4】煎餅時油量可以多一些，口感會比較酥脆。火候先轉中火，待油溫升起後再轉小火。

精華全在這一碗

41 南瓜濃湯

食譜ID 69254

材料（4人份）

材料	
南瓜（去皮、去籽、切塊）	1/2顆（500g）
馬鈴薯（去皮、切塊）	3顆
洋蔥（切塊）	2顆
鹽	5g
黑胡椒	少許
鮮奶油	少許

作法

1. 將南瓜塊、馬鈴薯塊、洋蔥塊放入電鍋內鍋，外鍋加入2杯水，煮到開關跳起。

2. 【作法1】煮軟後，全部倒入果汁機中，並加鹽調味，按下開關攪打約30秒。

3. 倒出盛盤，撒上些許黑胡椒與點綴鮮奶油即可。

NOTE

南瓜濃湯的濃稠度是依據馬鈴薯加入的多寡決定，若攪打【作法2】時覺得太稠，可加少許熱開水（或熱高湯）做調整。

小黃瓜

產季：春、夏、秋（4月～11月）。

Point 1　挑選重點

挑選時要選擇表面翠綠且帶有微刺者，形狀均勻不彎曲為佳。摸起來若是軟軟的，或是按壓會產生凹陷，應避免購買。

Point 2　保存法

將小黃瓜用牛皮紙包裹好後，放進塑膠袋，再放入冰箱冷藏，冷藏可保存一星期。

Point 3　泡冰水增加脆度

小黃瓜是料理搭配的好夥伴，不僅可以當作裝飾的配菜，常用於快炒、涼拌、醃漬等料理上。小黃瓜含豐富水分，所以吃起來特別清爽，若是想要保持小黃瓜清脆的口感，切完後可以浸泡在冰水中，增加脆度。

Point 4　加鹽去除水分

若是想要拿來做醃漬料理，因小黃瓜富含水分，建議可以將小黃瓜裝袋，加點鹽搓揉靜置 10 分鐘，待小黃瓜出水後再沖洗去鹽分。

一盤吃到鮮甜脆

42 小黃瓜炒透抽

食譜ID 53803

材料（3人份）

小黃瓜（切斜片）	1條
紅蘿蔔（切斜片）	1/3條
洋蔥（切片）	1/4顆
透抽	1隻

調味料

蠔油	10ml
鹽	3g
米酒	10ml

太白粉水

水	15ml
太白粉	2g

作法

1. 透抽洗淨、交叉畫刀痕後切片，放入滾水中汆燙20秒，再撈起瀝乾。

2. 鍋加油燒熱，放入洋蔥片炒軟，再加入紅蘿蔔片、小黃瓜片一起拌炒，依序加入蠔油、鹽、米酒調味，再放入【作法1】燙好的透抽快炒均勻。

3. 起鍋前倒入拌勻的【太白粉水】，再稍微拌炒至滾即可。

NOTE

透抽先燙過，之後下鍋只要快炒即可，保有鮮、甜、脆口感。

43

解除重口味的油膩

涼拌小黃瓜

食譜ID 13970

拌

材料（2人份）

材料	
小黃瓜	2根
蒜（切末）	適量
辣椒（切片）	適量
醋	15ml
砂糖	15g
鹽	5g

作法

1. 小黃瓜蓋上保鮮膜或裝進塑膠袋裡，再用菜刀柄拍開、拍碎，如太長可切段。

2. 【作法1】加鹽抓勻，再倒除小黃瓜生成的水分。

3. 取塑膠袋或密封盒，裝入【作法2】的小黃瓜、蒜末、辣椒片、醋、砂糖後搖晃均勻。

4. 放到冰箱裡冷藏靜置30分鐘，等待入味即可。

NOTE
小黃瓜拍扁後，不規則的裂口反而能增加入味程度。

44

台灣小吃的絕佳配角

糖漬小黃瓜

食譜ID　98657

材料（3人份）

小黃瓜（切圓薄片）	2條
鹽	少許
砂糖	15g

作法

1. 小黃瓜片加鹽抓勻，再倒除小黃瓜生成的水分。

2. 接著加入砂糖拌勻，醃漬約15分鐘即可。

3. 亦可放入冰箱冷藏，會更入味好吃。

絲瓜

產季：全年皆有，以夏季為盛產期（5月～9月）。

外觀：挑選絲瓜時先看外皮顏色要鮮豔、形體飽滿且拿起來厚重者為佳。

特性：絲瓜又叫做「菜瓜」。

挑選：用手指輕按絲瓜，若有彈性就是良好的絲瓜。

料理變化

蛤蜊絲瓜→ P82

絲瓜鮮蝦麵線→ P83

絲瓜鹹粥→ P84

滑蛋絲瓜→ P85

Point **1** 清洗法

絲瓜皮厚，可用軟毛刷將絲瓜在清水中洗淨，洗完後先去頭尾、再削皮。

Point **2** 保存法

帶皮絲瓜先不清洗、不碰水，放在室溫陰涼處可保存一星期，也可用牛皮紙將絲瓜包起來，放進冰箱冷藏，避免水分流失。但要注意的是，冷藏時間愈久，絲瓜的纖維會逐漸老化，容易失去絲瓜本來軟嫩的口感與香甜的味道。若是削皮後的絲瓜，則將它切片後放進密封袋，再放冰箱冷藏保存，建議隔天就食用完畢。

Point **3** 適合料理法

料理絲瓜會削皮，但不必去籽，常見的切法是將絲瓜滾刀切塊或對半切成薄片，由於絲瓜煮後會縮水，若想吃到絲瓜的口感，建議可以切大塊一點，且避免久煮。

切塊

切片

炒

小館必點菜在家做

45 蛤蜊絲瓜

食譜ID 79353

材料（2人份）

絲瓜（去皮、切片）	1條
蛤蜊（吐沙）	10～12顆
蒜頭（拍碎）	2瓣
九層塔	少許

作法

1. 熱鍋加入適量油，放入蒜碎爆香，再加入絲瓜片拌炒，接著加入蛤蜊及15ml的水，煮滾後蓋上鍋蓋以小火燜煮約5分鐘。

2. 等到蛤蜊開口，開蓋拌炒均勻，加入九層塔快速翻炒，即可熄火起鍋。

NOTE

這道菜呈現蛤蜊與絲瓜的天然鮮美滋味，所以可完全不需任何調味，連鹽都可以省略。煮的過程中加入一點水，可以幫助絲瓜釋出水分。

煮

讓人食慾大開

46 絲瓜鮮蝦麵線

食譜ID 81845

材料（2人份）

絲瓜（去皮、切片）	1條
麵線	2把
鮮蝦	6尾
蒜（切末）	2瓣
九層塔	少許
油蔥酥	少許

作法

1. 鍋加油燒熱，用小火爆香蒜末（爆香後可將蒜末挑起不用，僅保留蒜香），再加入絲瓜片拌炒，加入700ml的水，蓋鍋蓋燜煮約4分鐘。

2. 進行【作法1】的同時，另煮一鍋滾水，分別放入鮮蝦與麵線燙熟。

3. 待【作法1】燜煮好，加入九層塔與油蔥酥調味，再加入【作法2】的麵線與鮮蝦一起拌勻，即完成。

NOTE

若不想吃到太爛的絲瓜，在絲瓜削皮時不要削得太深或削到看見白肉，只需輕輕削去外皮即可，吃起來也會較脆。

清甜海味集一鍋

47 絲瓜鹹粥

食譜ID 82746

材料（3人份）

絲瓜（去皮、切片）	1條
白米（洗淨、瀝乾）	1杯
蛤蜊（吐沙）	10顆
雞蛋（打散）	1顆
梅花豬肉絲	120g
薑（切絲）	5片
鹽	適量

醃料

鹽	3g
太白粉	3g

作法

1. 肉絲加入【醃料】拌勻，醃漬10分鐘。

2. 取一深鍋加1600ml的水，放入白米、薑絲煮至水滾後，蓋上鍋蓋轉小火燜煮，待白米煮成粥時，放入絲瓜片煮軟。

3. 再加入【作法1】的肉絲，煮到肉色變白時，加入蛤蜊、蛋液，最後依據個人口味用鹽調味即可。

> **NOTE**
> 【作法1】醃肉的順序，可先加鹽讓口感變脆，再加太白粉增添滑嫩感。

煮

炒

清爽滑嫩清甜開胃

48 滑蛋絲瓜

食譜ID 33881

材料（3人份）

絲瓜（去皮、切片）	1條
雞蛋（打散）	2顆
鹽	少許

作法

1. 熱鍋加入少許食用油，放入絲瓜翻炒均勻，再加入50ml 的水，並加入少許鹽拌炒均勻調味。

2. 將絲瓜集中在鍋子中央，鋪平後蓋上鍋蓋，以中小火燜煮 1～2分鐘，使絲瓜軟化出水。

3. 均勻將蛋液淋在絲瓜上，蓋上蓋子熄火，藉由熱氣將蛋液 燜熟後，即可開蓋盛盤。

> **NOTE**
> 絲瓜烹煮時會出水，所以不用加太多水。此外淋入蛋液後，藉由熱 氣循環將蛋液燜熟，可以保有滑嫩的口感。

冬瓜

產季：春、夏、秋（4月～10月）。

特性：冬瓜可清熱、解渴、降火氣，是夏季烹調消暑的最佳食材。

外觀：外觀整體線條均勻、形體飽滿、表面沒有蟲咬的冬瓜最佳。

挑選：市面上冬瓜大多是切片販售，可挑選肉白肉厚者為佳。

料理變化

冬瓜蛤蜊湯→ **P88**

醬滷冬瓜→ **P88**

Point 1　保存法

買回家的切片冬瓜，可直接用保鮮膜包覆後放冰箱冷藏，建議 3 天內食用完。

Point 2　冬瓜如何去皮

切冬瓜之前，先利用軟毛刷將瓜皮刷洗乾淨。由於冬瓜皮厚，所以去皮時千萬不可用刨刀削皮，而要直接用刀一片片，繞著冬瓜切除外皮。

Point 3　適合料理法

冬瓜切下的瓜皮其實也可以吃，許多人會跟著冬瓜肉一起燉煮，一樣清熱；而中間的瓜籽，可用湯匙挖除挑乾淨，瓜囊則可以不用完全挖乾淨，一樣可以食用。

瓜囊

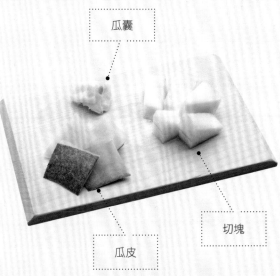

切塊

瓜皮

煮

冬瓜蛤蜊湯

滷

醬滷冬瓜

清火解熱的湯品

49　冬瓜蛤蜊湯

食譜ID 76788

材料（2人份）

冬瓜（去皮、切塊）	500g
蛤蜊（吐沙）	400g
薑（切絲）	3片
蔥（切末）	1支
鹽	適量
米酒	少許

作法

1. 取鍋裝入1000ml的水，煮滾後放入冬瓜塊，待冬瓜塊煮至呈透明狀時，再加入蛤蜊與薑絲。

2. 煮到蛤蜊都開口後熄火，依照個人口味加鹽調味，可以滴一些米酒、撒上蔥花拌勻即可。

NOTE

先熬煮冬瓜再加入蛤蜊，就可保持蛤蜊的鮮嫩飽滿。

熱吃冷吃都美味

50　醬滷冬瓜

食譜ID 82839

材料（3人份）

冬瓜（去皮、切塊）	500g
香菇（小朵）	6朵
蒜（切末）	2瓣
薑（切末）	2片

滷汁

冰糖	15g
醬油	30ml
水	500ml
八角	3顆
甘草	3片

作法

1. 鍋加油燒熱，放入蒜末、薑末爆香，再依序加入【滷汁】材料拌勻煮滾。

2. 【作法1】煮滾後，加入香菇、冬瓜塊，再次煮滾後關小火，蓋上鍋蓋繼續燜滷1小時至入味即可。

NOTE

滷冬瓜可反覆滷製，會越滷越入味、越好吃。滷汁中添加甘草，可以讓滷冬瓜的醬汁回甘不死鹹。

Melon and Fruit
瓜果類 | 苦瓜

產季：夏、秋、冬（5月～11月）。

挑選：挑選苦瓜可先從表面光滑、沒有損傷的為優先。

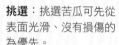

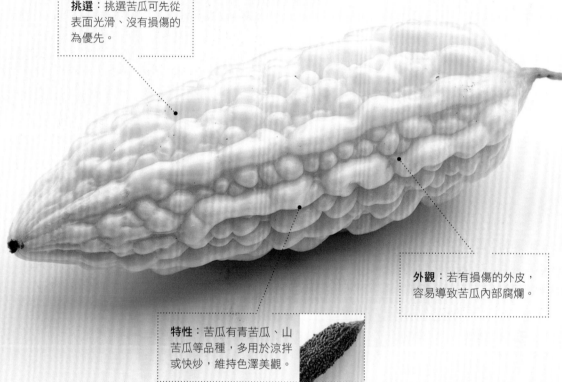

外觀：若有損傷的外皮，容易導致苦瓜內部腐爛。

特性：苦瓜有青苦瓜、山苦瓜等品種，多用於涼拌或快炒，維持色澤美觀。

料理變化

苦瓜鑲肉→ P92

苦瓜炒什錦→ P94

醬燒苦瓜→ P96

鳳梨苦瓜雞湯→ P97

Point 1　保存法

苦瓜因為容易熟成，建議買來後就盡快食用完畢，若需要放置，可用保護網袋包裹住，再放入塑膠袋內封緊，放入冰箱冷藏，最多勿超過3天。

Point 2　清洗法

苦瓜因為表層有凹凸不平的果瘤，可以先泡水後，再利用清水沖洗，同時也要搭配軟毛刷仔細清洗隙縫。

Point 3　如何降低苦味

苦瓜口感甘苦，許多人因為這個特殊的味道敬而遠之，其實苦瓜的苦跟內膜有很大關係。苦瓜洗乾淨對半切、去籽後，如想降低苦味，可利用湯匙將苦瓜的內層白膜刮除。

Point 4　適合料理法

苦瓜的切法眾多，通常切薄片或半圓弧的形狀用在快炒；長塊狀的苦瓜則多用在煮湯或醬燒；比較特別的是將苦瓜切成圈狀挖空，多用在鑲肉的苦瓜封料理。

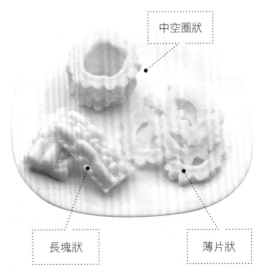

中空圈狀

長塊狀

薄片狀

經典的功夫宴客菜

51 苦瓜鑲肉

食譜ID 81832

材料（3人份）

苦瓜（中型）	2條

餡料

豬絞肉	300g
薑（磨泥）	10g
香菇（剁碎）	3朵
太白粉	5g
鹽	適量
胡椒粉	適量

作法

1. 苦瓜洗淨，切成厚約3公分的苦瓜圈，去籽、去內層薄膜後，備用。

2. 將【餡料】混合拌勻，再稍稍摔打讓餡料變得具有黏性。

3. 取適量【作法2】餡料，填入【作法1】苦瓜圈，稍微擠壓實，塞滿苦瓜內層。

4. 將全部苦瓜填充完畢後，放入滾水鍋中（水量需淹蓋過全部材料），以小火慢煮約15分鐘至熟透即可。

NOTE

· 煮苦瓜封時，鍋內的水要蓋過苦瓜。或是也可以用電鍋蒸，外鍋加2杯水，煮到開關跳起，再多燜10分鐘即可。

· 用小火慢慢煮，苦瓜鑲肉才不會肉餡分離。

炒

在家重現沖繩風味

52 苦瓜炒什錦

食譜ID 84834

材料（3人份）

山苦瓜	1條
百頁豆腐（切粗絲）	1條
五花肉（燙熟、切粗絲）	1塊
雞蛋（打散）	1顆
蒜（切末）	4瓣
鹽	10g

調味料

米酒	10ml
醬油	25ml
胡椒粉	適量

作法

1. 山苦瓜從中剖開去籽，盡量刮除白色內膜後，切成薄片，再加鹽抓勻，靜置約10分鐘後，用水沖掉鹽分。

2. 鍋加油燒熱，爆香蒜末，再加入肉絲拌炒，倒入米酒去腥，再放進百頁豆腐輕輕炒，繼續加入苦瓜片，倒入醬油後拌炒至入味。

3. 【作法2】沿著鍋邊倒入蛋液，約10秒鐘待蛋液微微凝固後，再從鍋底往上翻炒，熄火撒上胡椒粉拌勻即可。

NOTE
【作法1】將山苦瓜抓鹽，可以讓苦瓜變得較軟。

鹹中帶甜溫醇好滋味

53 醬燒苦瓜

食譜ID 32507

材料（4人份）

苦瓜	2條
薑（切末）	2片

調味料

蔭瓜	1瓶（400g）
醬油	30ml
醬油膏	15ml
糖	30g

作法

1. 苦瓜去籽、刮除內層白膜，切大塊備用。

2. 鍋加油燒熱，【作法1】苦瓜平放煎熟，煎到成透明色後，再放入薑末爆炒。

3. 接著加入【調味料】與100ml的水，拌勻轉小火燒煮30分鐘，待苦瓜入味即可。

越喝越回甘的滋味

54 鳳梨苦瓜雞湯

食譜ID 111607

材料（3人份）

苦瓜	1條
雞肉（切塊）	1/2隻
蔭鳳梨醬	150g
鹽	適量

作法

1. 苦瓜對切後，去籽、切厚片，備用。

2. 雞肉放入滾水鍋中汆燙去血水，再撈起瀝乾。

3. 煮一鍋1200ml的水，水滾後加入【作法1】的苦瓜、【作法2】的雞肉，以及蔭鳳梨醬。

4. 煮滾後轉小火燉煮至熟，起鍋前依個人口味加鹽調味即可。

NOTE

蔭鳳梨醬可以依照個人喜好多寡斟酌添加，建議不要一次就全加入湯裡，可邊加邊嚐湯的濃淡鹹度，調整分量。

煮

瓜果類 | 番茄

Melon and Fruit

產季：四季皆有不同品種的番茄盛產，大番茄在10月～5月，小番茄則在11月～3月。

外觀：盡量挑選帶有綠色蒂頭的番茄，新鮮度較佳。

特性：番茄含有豐富的茄紅素，但必須要經過加熱後，番茄的營養才能被吸收。

挑選：挑選番茄時以外表沒有明顯的傷痕凹洞、處感飽實為佳！

料理變化

番茄羅宋湯→ P100

番茄炒蛋→ P102

涼拌小番茄→ P103

番茄燉牛肉→ P104

果醋釀番茄→ P105

Point 1　清洗法

以流動的細小清水浸泡 10 分鐘後，將蒂頭去除，然後再利用軟毛刷子輕刷外皮。

Point 2　保存法

番茄切開後就盡量將它使用完畢，若有剩下的完整番茄，可放入保鮮袋後再放入冰箱冷藏，建議 3 天就食用完畢。

Point 4　適合料理法

番茄可生吃熟食，圓片切法可用在包夾三明治、塊狀切法可用於快炒或燉煮，而切丁的方式則常見於沙拉的料理。

Point 3　如何將番茄去皮

番茄皮口感較硬，如果想更美味也可以去皮後再料理。先用刀子在番茄底部切十字，然後放入滾水中燙 15 秒後撈起，再放入冰塊水中冰鎮約 30 秒後取出，便可以輕易撕開番茄的外皮了。

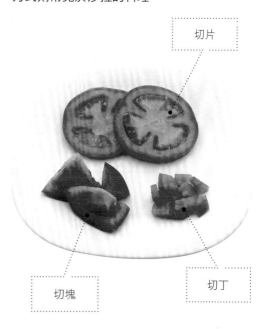

切片

切塊

切丁

煮

酸中帶甜的歐洲家庭味

55　番茄羅宋湯

食譜ID 88131

材料A（4人份）

洋蔥	1顆
紅蘿蔔	1條
馬鈴薯	2顆
牛肋條（牛腩）	300g
月桂葉	2片
無鹽奶油	15g

材料B

牛番茄	3顆
娃娃菜	3株
番茄醬	60g
粗黑胡椒粉	少許
水	1000cc
鹽	少許

作法

1. 牛肋條汆燙後切成適口大小；洋蔥、紅蘿蔔和馬鈴薯切塊狀；牛番茄去皮，2顆切塊、1顆切碎。

2. 取炒鍋，小火融化無鹽奶油，爆香洋蔥塊後移至鍋邊，放進牛肉略煎焦香。再放進紅蘿蔔塊、馬鈴薯塊、月桂葉拌炒。

3. 加入番茄塊、番茄碎、番茄醬、粗黑胡椒粉拌炒均勻後加水煮滾，撈除湯面浮沫雜質後，盛裝入電鍋內鍋。

4. 電鍋外鍋加入1又1/2杯水，按下電源開關燉煮，第一次跳起後，外鍋再加入1/5杯熱水，此時放入切碎的娃娃菜一起燉煮。

5. 待電源開關再一次跳起後，撈除湯面浮油，依個人口味加鹽調味。

NOTE

如果沒有瓦斯爐，【作法2、3】也可以直接在電鍋內鍋進行。番茄塊可以讓吃的時候仍有口感，而番茄碎可以融入湯中更鮮甜，番茄醬用來搭配新鮮番茄，湯頭味道更豐厚。

重現家常媽媽味

56 番茄炒蛋

食譜ID 80509

材料（2人份）

牛番茄（切塊）	1顆
蛋（打勻）	3顆
番茄醬	30ml
鹽	5g
糖	15g
蔥（切末）	1支

太白粉水

太白粉	10g
水	45ml

作法

1. 先將太白粉與水拌勻後備用。

2. 起熱油鍋後，將打勻的蛋下鍋攪拌成滑蛋狀，為避免煮得過乾，稍微拌一下就要快速撈起。

3. 重熱油鍋，清炒牛番茄至香氣及橘粉色的茄紅素出現，再將【作法2】炒好的滑蛋放入鍋內，迅速將番茄醬、鹽、糖加入拌勻。

4. 起鍋前加入【作法1】的太白粉水快速攪拌，最後撒上蔥花即可起鍋。

炒

NOTE
· 所有的步驟盡量快速執行，以免食材炒得過乾。
· 加入太白粉水是為了增添炒蛋的滑嫩，蛋液也會變得更濃稠，口感更豐富。

開胃下酒都很搭

57　涼拌小番茄

食譜ID 44139

材料（2～3人份）

小番茄	400g
香菜	1小把
熟花生	30g

調味料

檸檬	1/2顆
泰式辣椒醬	45ml
蜂蜜	30ml

作法

1. 小番茄洗淨去蒂，香菜洗淨切碎，熟花生去膜，檸檬對切擠汁，備用。

2. 將小番茄對切，放入大碗中，續加入碎香菜、熟花生。

3. 加入【調味料】拌勻，冷藏約30分鐘至入味即可食用。

NOTE
也可改用泰式沙拉調味醬取代泰式辣椒醬；酸、甜、辣度，可依個人喜好調整。

燉

NOTE
最後步驟的湯汁別收太乾，可以拿來拌飯、拌麵，或是配麵包沾著吃！

濃郁清爽雙口感

58 番茄燉牛肉

食譜ID 52236

材料A（4人份）

牛腩（切塊）	600g
薑（切片）	5片
蔥（切段）	2支

材料B

牛番茄（切塊）	2顆
洋蔥（切塊）	1/2顆
薑（切片）	2片
番茄醬	45g
青蔥（切絲）	2支

調味料

醬油	15ml
糖	5g
鹽	5g
黑胡椒	少許

作法

1. 先將牛腩用清水沖洗，去除血水。

2. 煮一鍋水，放入【材料A】的薑片、蔥段，水滾後放入牛腩汆燙約2～3分鐘後撈起，然後用清水沖去浮沫。

3. 另熱鍋加入食用油，放入【材料B】的薑片、洋蔥塊，先炒出香味，再加入番茄塊、番茄醬拌炒一下。

4. 接著加入【作法2】的牛腩、醬油、糖，拌炒後加入800cc的水，以小火燉煮60分鐘，最後再加入鹽、黑胡椒，撒上蔥絲，即可起鍋。

醃

酸甜滋味好解膩

59 果醋釀番茄

食譜ID 32364

材料（3人份）

牛番茄	3顆
水果醋	250ml

醃料

酸梅	數顆
蜂蜜	適量
水	100ml

作法

1. 番茄洗淨後在底部用刀輕輕劃十字，備用。

2. 電鍋內鍋裝水（可蓋過番茄水量，但番茄先不放入），外鍋加1杯水，煮至內鍋水滾後，再放入番茄蒸2分鐘，取出浸泡冷開水1分鐘，輕鬆剝除番茄硬皮。

3. 用電鍋將【醃料】煮滾、待涼，盛裝入乾淨的容器中。

4. 將去皮番茄、水果醋裝入【作法3】中，放置冰箱冷藏1天入味即可。

NOTE

水果醋可以使用蘋果醋、鳳梨醋、梅子醋……都適合，如沒有酸梅，也可用梅粉替代，酸甜度都可以依個人喜好作調整。

甜椒 & 青椒

產季：秋、冬、春（10月～5月）。

紅甜椒

黃甜椒

青椒

外觀：好的甜椒可看它的蒂頭是否完整不發黑、表面也不要有撞傷痕跡。

特性：甜椒顏色繽紛，常用於料理配菜、點綴使用。

保存：買回來若還沒有要料理，可用牛皮紙包起來後，放入冰箱冷藏，建議3天內食用完畢。

測試：用手壓起來觸感不要太軟、表面也要注意避免發黑變色，才是好青椒。

挑選：挑選青椒首先要看青椒的形狀，盡量筆直不彎曲，這樣拿來做料理也較好切。

特性：青椒的特殊氣味，讓很多人無法接受，但也有許多人獨愛這個香氣。

Point 1　清洗法

用軟毛刷輕刷外皮，蒂頭凹陷處尤其是容易堆積污垢的地方，同樣也要清洗乾淨。

Point 2　椒類料理法

青椒多切成條狀、片狀、半圓弧狀的型態快炒，或者可以對半切後，將裡面去膜、去籽，做成鑲肉料理。甜椒常見的切法有切絲、切片、切條、切成菱角狀。

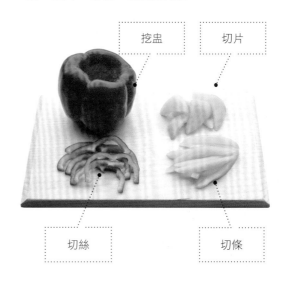

挖盅　　切片

切絲　　切條

Point 3　如何當容器

甜椒的形狀與青椒不同，較為矮短，所以適合拿來當作盛裝料理的容器。可挑選頭尾形狀寬度較一致的，用在料理當作碗盅盛裝，視覺上較美。可順著蒂頭的弧度用刀尖切開，取下蒂頭，再用小湯匙將裡面的籽挖乾淨。若是覺得蒂頭的切口太小，可應個人需求加大範圍。

料理變化

青椒炒肉絲→ P108

清炒三色椒→ P108

焗烤甜椒鑲飯→ P110

鐵板豆腐→ P190

60 青椒炒肉絲

食譜ID 81979

材料（3人份）

青椒（去籽、切絲）	2顆
牛肉絲	400g
蒜（切末）	3瓣
鹽	適量
黑胡椒粉	適量

醃料

醬油	15ml
蠔油	15ml
味醂	15ml
太白粉	15g

作法

1. 牛肉絲加入【醃料】拌勻，醃 20 分鐘。

2. 鍋加油燒熱，放入蒜末以小火爆香，待蒜香氣釋出後，放入【作法1】的牛肉絲，轉大火翻炒均勻。

3. 牛肉炒約五分熟後，倒入青椒絲翻炒均勻，加入150ml的水炒滾，再依照個人口味加入鹽與黑胡椒粉調味即可。

61 清炒三色椒

食譜ID 113322

材料（3人份）

青椒（去籽、切片）	1顆
紅甜椒（去籽、切片）	1顆
黃甜椒（去籽、切片）	1顆
蒜（切末）	3瓣
鹽	少許

作法

1. 鍋加油燒熱，放入蒜末以小火爆香，待蒜香氣釋出後，轉大火放入青椒片、紅甜椒片、黃甜椒片，快速翻炒。

2. 加入20ml的水炒滾，並依照個人口味加鹽調味，拌炒均勻即完成。

炒

清炒三色椒

炒

青椒炒肉絲

烤

一盅融入全部精華

62 焗烤甜椒鑲飯

食譜ID 51737

材料A（2人份）

紅甜椒	1顆
黃甜椒	1顆
熟白飯	1碗
乳酪絲	適量

材料B

培根（切丁）	2片
洋蔥（切丁）	1/4顆
牛番茄（切丁）	1顆
蘑菇（切丁）	3朵
毛豆仁	少許

調味料

黑胡椒	少許
鹽	6g
糖	6g
白酒	少許

作法

1. 甜椒接近蒂頭處橫剖開，挖空裡面的籽，備用。

2. 鍋不加油放入培根丁，以小火煎到培根油脂釋出，再放入洋蔥丁炒軟。

3. 轉中火放入其餘【材料B】與白飯，拌炒5分鐘至均勻，熄火前加入【調味料】炒勻。

4. 將【作法3】炒飯填入【作法1】的甜椒裡，表面鋪上適量乳酪絲。

5. 放進預熱好的烤箱中，以180℃烤約5～8分鐘，至乳酪絲變金黃即完成。

NOTE

可以選擇小顆的甜椒當作容器比較美觀，若甜椒因底部凹凸而立不起來，可在底部用刀子修平一點。

| # 茄子

產季：夏、秋、冬（5月～12月）。

Point 1　挑選重點

新鮮的茄子外皮須呈亮紫色，表面光滑不柔軟，避免表面暗沉或泛白。茄子蒂頭必須完整，否則新鮮度會大打折扣。

Point 2　清洗法

在細小的流動水中浸泡 10 分鐘後，再用軟毛刷子輕刷表面。

Point 3　保存法

一般放在陰涼處可保存 3 天，也可以用紙巾捲起後放進塑膠袋，然後放冰箱冷藏，建議勿存放超過 3 天。

Point 4　如何防止變色

茄子在烹飪過程中容易變黑，只要將切好的茄子先浸泡在鹽水、白醋水中，或是用熱水快速汆燙，都可以防止茄子氧化變色。

炒

熱炒店排行名菜

63 塔香茄子

食譜ID 58949

材料（2人份）

茄子（切斜片）	2條
蒜頭（切末）	1瓣
紅辣椒（切片、去籽）	1根
九層塔	適量

調味料

醬油	30ml
蠔油	15ml
鹽	5g

作法

1. 茄子片放入熱油鍋中稍微炸過，再快速撈起瀝油。

2. 另取一鍋加油燒熱，放入蒜末、辣椒片爆香，再放入【作法1】的茄子片拌炒，加入【調味料】及少許水炒勻。

3. 起鍋前，加入九層塔快速翻炒入味即可。

NOTE

【作法1】茄子先炸過，可保持顏色豔麗，但只能快速過油，不可炸太久，否則一樣顏色會變深黑不美觀。

炸

茄子天婦羅

拌

蒜蓉拌紫茄

口本料理常勝軍

64 茄子天婦羅

食譜ID 23686

材料（2人份）

茄子（切斜片）	1條
沙拉醬	適量

粉漿

酥炸粉	適量
水	適量
鹽	少許

作法

1. 酥炸粉與水以1：0.8的比例混合，並加入少許鹽，混合均勻成粉漿。

2. 茄子片一一沾裹【作法1】粉漿，再放入160℃的熱油鍋中，炸至雙面金黃，即可撈出瀝油。

3. 盛盤後可淋上沙拉醬增加風味。

NOTE

判斷160℃的油溫，可將筷子插入油鍋中，若筷子周圍出現小泡泡，就差不多是160℃油溫了。

亮麗鮮豔不變色

65 蒜蓉拌紫茄

食譜ID 116269

材料（2人份）

茄子（剖半、切段）	2條
白醋	15ml
冰塊水	適量

蒜蓉醬

蒜頭（切末）	2瓣
辣椒（切末）	1根
香菜	少許
九層塔	少許
醬油膏	15ml
烏醋	15ml
細砂糖	5g
芝麻香油	5ml

作法

1. 將所有【蒜蓉醬】材料混合均勻，備用。

2. 煮一鍋水，加入白醋，滾沸後放入茄子段，以中大火滾煮約3分鐘。

3. 快速撈起【作法2】的茄子瀝乾，立刻放進冰塊水裡冰鎮降溫。

4. 【作法3】冰鎮約1～2分鐘之後撈起瀝乾盛盤，淋上【作法1】的蒜蓉醬即可。

NOTE

想要保留茄子美麗紫色表皮的祕訣，除了【作法2】在水裡加入白醋汆燙外，同時也可用不銹鋼撈勺壓住正在滾水裡的茄子，只要茄子完全浸泡在熱水中，不與空氣接觸，就可保留茄子鮮豔的紫色。

Cabbage 包菜類 | 花椰菜

產季：秋、冬、春（11月～3月）。

綠花椰菜

白花椰菜

外觀：若是花蕾有泛黃的斑點，就是不好的花椰菜。

挑選：挑選時應注意，避免花椰菜莖部有發黃、發黑的狀況。

料理變化

培根花椰菜→ P118

清炒花椰菜→ P118

焗烤花椰菜→ P120

蔬菜咖哩牛→ P122

Point 1　處理法

用菜刀從分莖處，將花椰菜一朵一朵切取下，若覺得花椰菜表皮的纖維太厚重，也可以利用刨刀或是菜刀削除。

分莖處

刨除硬皮

Point 2　清洗法

花椰菜的花蕾下常有菜蟲寄居，所以清洗時要特別注意。先以大量流動的清水，在盆中沖洗花椰菜後，再於清水內浸泡 10 分鐘。

先沖洗

再浸泡

Point 3　保存法

花椰菜若還沒有要食用，建議先不要清洗，用保鮮膜或紙巾包裹後，放入塑膠袋中，再放進冰箱冷藏，冷藏最多 3 天內要食用完畢。

Point 4　翠綠保鮮法

花椰菜整株都可以食用，除了清炒外，也能燙熟食用。若擔心煮後變黃，可在滾水中加鹽與幾滴油，用以保持花椰菜的翠綠色澤。

炒

培根花椰菜

炒

清炒花椰菜

繽紛的紅綠雙拼

66　培根花椰菜

食譜ID 30654

材料（2人份）

綠花椰菜（切小朵）	1/2顆
培根（切小片）	2片
辣椒（切片）	1/2根
鹽	少許
米酒	少許

作法

1. 煮一鍋滾水，加少許鹽和米酒，放入花椰菜燙軟，再撈起瀝乾。

2. 鍋不加油放入培根片，以小火炒到培根油脂釋出，再放入辣椒片和【作法1】的花椰菜。

3. 快速拌炒一下後加入20ml的水，加蓋稍微燜一下，起鍋前加鹽調味炒勻即可。

NOTE
【作法1】燙花椰菜時，在水中加少許鹽和米酒，可以讓花椰菜保持翠綠。燙的時間可依個人軟硬喜好做調整。

蔬食的健康選擇

67　清炒花椰菜

食譜ID 118659

材料（2人份）

白花椰菜（切小朵）	1/2顆
紅蘿蔔（切小片）	4片
蒜（切末）	2瓣
蔥（切段）	1支
鹽	3g

作法

1. 煮一鍋滾水，加少許鹽，放入花椰菜與紅蘿蔔片快速汆燙，再撈起瀝乾。

2. 鍋加油燒熱，放入蒜末爆香，再放入【作法1】的白花椰菜與紅蘿蔔片。

3. 用大火快速拌炒，再加鹽調味，起鍋前加入蔥段炒勻即可。

香濃牽絲療癒人心

68 焗烤花椰菜

食譜ID 98074

材料（2人份）

白花椰菜（切小朵）	1/2顆
蒜（切末）	1瓣
火腿（切丁）	1片
乳酪絲	150g
麵糊 （作法如下）	330g

作法

1. 煮一鍋滾水，加少許鹽，放入花椰菜汆燙約3分鐘，再撈起瀝乾。

2. 鍋加油燒熱，放入蒜末爆香，再放入火腿丁炒香，盛起備用。

3. 取一耐熱容器，盛入【作法1】的花椰菜、【作法2】的蒜末與火腿丁，再倒入麵糊，拌勻後表面撒上乳酪絲。

4. 放入預熱200℃的烤箱中，烤20分鐘，接著再轉成250℃，繼續烤5分鐘，至表面金黃上色即完成。

自製麵糊

材料

奶油30g、低筋麵粉40g、鮮奶250ml、月桂葉2片、鹽10g、黑胡椒粉適量

作法

1. 取小鍋放入奶油，以小火融化後倒入低筋麵粉快速拌勻、熄火。

2. 另取一鍋，將鮮奶、月桂葉一起加熱，待溫度約40℃時將月桂葉撈除。

3. 將【作法2】的鮮奶慢慢倒入【作法1】的奶油麵粉中拌勻，這時須熄火才不會把麵粉煮熟成塊狀。

4. 待麵粉拌勻到滑順無顆粒狀後，可再開小火，然後加鹽、胡椒粉調味後熄火。

烤

放隔夜更入味好吃

69　蔬菜咖哩牛

食譜ID 25817

材料（3人份）

白花椰菜（切小塊）	1/2顆
紅蘿蔔（切塊）	1/4條
洋蔥（切片）	1/2顆
牛肋條（切塊）	200g
薑（切末）	1片
咖哩塊	2塊

作法

1. 牛肉塊放入滾水鍋中汆燙去血水，再撈起瀝乾。

2. 花椰菜放入滾水鍋中（加少許鹽），汆燙約3分鐘，再撈起瀝乾。

3. 鍋加油燒熱，爆香薑末與洋蔥塊，再加入【作法1】的牛肉塊炒至肉色變白。

4. 再加入紅蘿蔔塊與1500ml的水，煮滾後轉小火燉煮至牛肉變軟。

5. 接著加入咖哩塊拌勻至融化，最後才加入【作法2】的花椰菜煮軟即可。

燉

NOTE
也可以額外添加蘋果泥一起煮，會讓
咖哩口感更增添甘甜香氣。

高麗菜

產季：全年皆有，12月～3月則是高麗菜的盛產期。

特性：台灣最常見的青菜，味道清甜，料理方式多變。

挑選：用手拿起來沈重，且葉片緊密包覆的高麗菜較佳。

外觀：盡量挑選外觀表面少蟲害，外表綠葉不泛黃，無碰撞者為佳。

料理變化

炒高麗菜→ P126

高麗菜鹹粥→ P127

高麗菜菜飯→ P128

台式泡菜→ P128

高麗菜卷→ P130

Point 1　如何剝取葉片

高麗菜要取下完整漂亮的葉片，方法是將底部硬梗切除、挖出後，接著就能輕易一片一片取下菜葉了。

Point 2　清洗法

如外葉狀況不佳，請先剝除，再依序剝下葉片後，以流動的水清洗去除泥沙，或是切片後，浸泡在清水裡 10 分鐘。

Point 3　保存法

可用保鮮膜緊密包裹，再放入冰箱冷藏。或以紙巾包裹好，放入塑膠袋裡綁緊後，放入冰箱冷藏，最多可冷藏 1 星期。

Point 4　適合料理法

整片：高麗菜的大葉片適合拿來做菜卷，整片高麗菜葉放入熱水中汆燙軟，即可拿來包捲。

小片：最常見的料理方式就是清炒，可直接用手撕小片，或用刀子將高麗菜切片。

絲狀：日式料理常見的高麗菜絲，可將高麗菜先剖半後再切，或是利用刨刀直接刨絲。

炒

第一名的炒青菜

70　炒高麗菜

食譜ID 30548

材料（2～3人份）

高麗菜	1/2顆
紅蘿蔔（切片）	1/2條
蒜（蒜仁）	3瓣
蔥（切段）	2支
辣椒（切片）	3根
鹽	適量

作法

1. 起鍋熱油後，先以中火爆香蒜仁及蔥段，然後再加入辣椒片。

2. 待爆炒至辣味飄出後，放入手撕小塊或者切塊的高麗菜與紅蘿蔔片，稍微拌炒一下，加入些許開水後繼續拌炒。

3. 以中火翻炒約5分鐘後，依喜好加入鹽調味。

4. 起鍋前可試吃最厚的莖部，如果脆度適可且不感到生生的，即可關火起鍋。

煮

NOTE
· 配料先炒過可增加粥的香氣。
· 白飯可使用隔夜飯，煮起來的口
  感較粒粒分明不軟爛。

解開重口味的負擔

71 高麗菜鹹粥

食譜ID 92186

材料（4人份）

材料	份量
高麗菜（切片或切絲）	1/4顆
白飯	2碗
香菇（切絲）	5朵
黑木耳（切絲）	2朵
紅蘿蔔（切絲）	1/3條
肉絲	適量
蛤蜊	1/2斤
金勾蝦	少許
蒜（切末）	2瓣
胡椒粉	少許
鹽	適量

作法

1. 起鍋熱少許油後，先放肉絲拌炒，再將蒜末、香菇絲、木耳絲、金勾蝦一起入鍋中爆香拌炒，等香氣出來後就下高麗菜片與紅蘿蔔絲。

2. 待高麗菜軟化後，可撒少許胡椒粉提味，然後繼續翻炒2～3分鐘。

3. 倒入500ml 的水後，再倒入白飯，待鍋中的粥稍微滾沸後放入蛤蜊。

4. 等到米粒軟化到喜歡的程度後，依照個人口味加入適量鹽調味。

蒸

高麗菜菜飯

醃

台式泡菜

充滿香甜的古早風情

72 高麗菜菜飯

食譜ID 71368

材料（6人份）

高麗菜（切小片）	1/2顆
白米	4杯
香菇（切小片）	3朵
黑木耳（切絲）	2朵
金針菇（切末）	少許
紅蘿蔔（切小片）	1/2條
芹菜（切末）	適量
薑（切末）	適量
鹽	適量
胡椒粉	適量
香油	少許

作法

1. 白米洗淨瀝乾，加入3杯半的水，外鍋加1杯水，放入電鍋烹煮。

2. 起油鍋後，放入薑末、香菇片、黑木耳絲、金針菇末、紅蘿蔔絲一起炒香，接著再下高麗菜片拌炒約5分熟後，依個人口味加入鹽、胡椒粉、香油調味。

3. 將【作法2】炒過的菜料取一半的量，拌入【作法1】未煮滾的電鍋內，然後蓋上鍋蓋續煮。

4. 等電鍋跳起後繼續燜熟米飯，待米飯全熟後，再將另一半【作法2】的菜料加入拌勻，然後按下電鍋再燜一次。

5. 起鍋前拌入芹菜末，即可食用。

NOTE

須在鍋內煮飯水滾前倒入炒過的菜，若怕來不及可先炒好後再煮飯。

酸酸甜甜開味良伴

73 台式泡菜

食譜ID 29504

材料（2~3人份）

高麗菜（剝片）	1/2顆
紅蘿蔔（切絲）	1條
蔥（切段）	1枝
辣椒（切片）	1根
鹽	15g
白糖	150g
水	100ml
白醋	170ml
蜂蜜	10ml
蒜（蒜仁）	10瓣
檸檬（擠汁）	適量

作法

1. 將高麗菜片放入乾淨的塑膠袋中，加入鹽後封口搖晃均勻，接著放置15分鐘。

2. 在鍋內放入白糖、水、白醋、蜂蜜煮滾待涼。

3. 把高麗菜、紅蘿蔔絲、蒜仁、蔥段、辣椒片平均放入罐內，將【作法2】煮好的醬汁倒入玻璃密封罐中，可擠些許檸檬汁增添風味，拴緊蓋子後放入冰箱冷藏2天，即可食用。

NOTE

· 用冷開水沖洗高麗菜，可去除高麗菜的苦味。
· 冷藏時可每天稍微翻動一下，因為醬汁容易沉澱在底部。

吸收高湯的滿滿精華

74 高麗菜卷

食譜ID 17828

材料（6人份）

高麗菜	1/2顆
香菇（切末）	3朵
紅蘿蔔（切絲）	1/2條
乾薑（切末）	適量
蔥（切末）	適量
豬絞肉	200g

調味料

香油	適量
米酒	適量
胡椒粉	適量
鹽	適量

太白粉水

太白粉	5g
水	10ml

作法

1. 將香菇末、紅蘿蔔絲、薑末、蔥末與豬絞肉攪拌在一起，加入拌勻的太白粉水後混合均勻，再加入【調味料】拌勻（調味料的分量可依照個人口味添加）。

2. 持續攪拌至明顯出筋、手感很緊實、材料間彼此互相接合且顏色稍稍泛白。

3. 攪拌的同時，可將高麗菜葉放入滾水中燙熟，利用筷子稍微翻攪，但注意不要把菜葉戳破。

4. 將高麗菜葉切下葉梗後，分成兩片來包，先從下面往上折，然後左右兩邊再往中間折，最後慢慢捲起來。

5. 盛入容器裡，放入電鍋裡，外鍋用1杯水蒸熟即可。

NOTE

- 【作法2】若沒有攪拌出筋，吃起來會軟爛沒彈性。
- 判別出筋明顯的現象，可從邊緣是否有出現黏黏拉長的狀況，攪拌時也會愈來愈難攪。
- 【作法4】菜葉包捲時，只要菜葉的大小夠包即可，不用在意包的方向。要是菜葉不夠包，多餘的餡料也可捏成小塊，丟進滾水裡燙熟，會有點像加料的肉羹。

產季：冬、春、夏（11月～5月）。

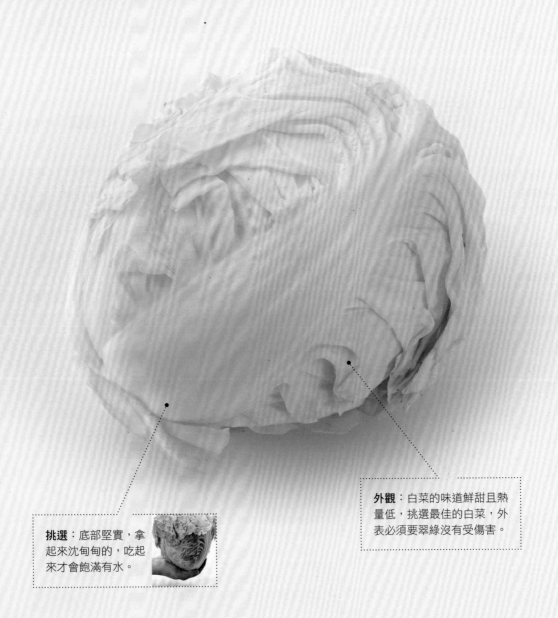

外觀：白菜的味道鮮甜且熱量低，挑選最佳的白菜，外表必須要翠綠沒有受傷害。

挑選：底部堅實，拿起來沈甸甸的，吃起來才會飽滿有水。

Point **1** 清洗法

一片片剝下白菜葉後，先用清水沖洗至無泥沙，再切塊泡水 10 分鐘。

Point **2** 保存法

未食用的白菜可直接放在陰涼處；若切下後沒有吃完的部分，可用保鮮膜封住後放進冰箱冷藏，最久可冷藏 1 星期。

Point **3** 逆紋切口感佳

白菜耐煮的特性，適合用在滷、燴、炒、煮湯、醃漬等料理上。建議逆著纖維來切，這樣烹煮時才容易煮軟，快炒時也會比較脆。

料理變化

白菜滷→ P134

奶油焗白菜→ P135

滷

NOTE
大白菜本身就會釋出水份，若是擔心
加水後湯汁過稀，也可以選擇不加
水，利用蓋鍋蓋讓大白菜釋出原來的
水份，也能吃到大白菜的鮮甜原味。

遊子最思鄉的滋味

75 白菜滷

食譜ID 95985

材料（4人份）	
白菜（切片）	1顆
肉絲	100g
蒜（切末）	1瓣
香菇（切絲）	2朵
木耳（切絲）	1朵
金勾蝦（先泡水）	15g
胡椒粉	少許
水	180ml
醬油	10ml
鹽	少許
烏醋	5ml

醃料	
醬油	10ml
胡椒粉	少許

作法

1. 將肉絲先用【醃料】醃10分鐘。

2. 起油鍋後，將蒜末、香菇絲、木耳絲、金勾蝦爆香，然後再加入【作法1】醃好的肉絲。

3. 拌炒均勻後，依照個人口味加入胡椒粉翻炒至白菜變軟，接著倒入水、醬油後再均勻攪拌一下，若不夠鹹的話可加鹽微調，最後再加入烏醋拌勻即可起鍋。

4. 若喜歡吃軟爛一點的口感，可在鍋內多燜一下再起鍋。

烤

NOTE

大白菜因為根部較硬,在洗乾淨後切段可先用熱水煮軟,先放莖部進滾水中片刻,再放葉子,撈出後再將水份瀝乾。

香濃牽絲嚐過就愛上

76 奶油焗白菜

食譜ID 77275

材料(2人份)	
白菜(切小片)	1/2顆
雞肉丁	100g
奶油	25g
香菇(切絲)	2朵
壽喜燒醬	10ml
鮮奶	200ml
中筋麵粉	15g
起司絲	適量

醃料	
鹽	3g
黑胡椒	3g

作法

1. 將雞肉丁先用【醃料】醃10分鐘。

2. 起熱鍋將奶油融化,先炒香白菜片、香菇絲,然後加入壽喜燒醬、鮮奶與中筋麵粉拌勻,放入烤盤內。

3. 表面放入【作法1】醃好的雞肉丁,最後撒上適量的起司絲。

4. 烤箱先以上下火200℃的溫度預熱,預熱後將【作法3】放入烤20分鐘至熟,再用250℃烤3分鐘至上色即可。

Leaf vegetables

葉菜類 ｜ 菠菜

產季：秋、冬、春（10月～4月）。

挑選：挑選原則，注意葉片要厚實、不軟不發黃，菜梗也要避免被折損。

新鮮　　枯軟

特性：菠菜含有豐富鐵質，擁有細嫩口感和碧綠色澤，是不錯的深色蔬菜。

Point 1 清洗法

菠菜根部容易藏有沙土，所以清洗時除了葉面、菜梗要沖洗乾淨外，菠菜的根部也要一根一根撥開來沖洗。

Point 2 保存法

屬於葉菜類的菠菜，盡量購買後當天就儘快烹調吃完，若需保存建議用牛皮紙包覆後，冰箱冷藏於 2 天內食用完畢。

Point 3 適合料理法

菠菜多用於清炒、但也多見於汆燙後做成冷盤，或是煮湯。

菠菜豬肝湯→ P138

菠菜炒百頁→ P140

花生拌菠菜→ P140

菠菜玉子燒→ P183

煮

養顏美容氣色好

77　菠菜豬肝湯

食譜ID 22252

材料（2人份）

菠菜（切段）	1把
豬肝（切薄片）	100g
薑（切絲）	3片

醃料

醬油	5ml
糖	3g
米酒	3ml
太白粉	3g

調味料

鹽	3g
柴魚粉	5g
胡椒粉	3g

作法

1. 豬肝加入混合的【醃料】一起拌勻後，靜置10分鐘。

2. 鍋加油燒熱，放入薑絲爆香，加入500ml的水與混合的【調味料】煮滾。

3. 待【作法2】水滾後，加入【作法1】的豬肝與菠菜段，快煮至豬肝變色即可熄火。

NOTE

【作法3】豬肝片入鍋煮時，可邊倒邊用筷子撥散，避免互黏。豬肝跟菠菜都是快煮食材，煮太久會變老、口感不佳。

拌

花生拌菠菜

炒

菠菜百頁

偶爾來點清粥小菜

78 花生拌菠菜

食譜ID 15099

材料（2人份）

菠菜（切段）	1把
蒜（切末）	2瓣
蠔油	10ml
熟花生（壓碎）	15g

作法

1. 菠菜放入滾水鍋中，快速汆燙，再撈起浸泡冷水，並用手擠乾水分。

2. 鍋加油燒熱，爆香蒜末後即熄火。

3. 將【作法1】的菠菜放入【作法2】的鍋中，並加入蠔油拌勻，再撒上碎花生拌勻即可。

NOTE

進行【作法3】時不用開火，僅以鍋子餘溫即可。如果沒有花生，也可以用其他堅果替代。

名店的招牌小菜

79 菠菜百頁

食譜ID 65975

材料（2人份）

菠菜（切段）	1把
百頁豆腐（切片）	1/2塊
蒜（切末）	2瓣
辣椒（斜切片）	1根
鹽	2g
柴魚粉	3g

作法

1. 菠菜放入滾水鍋中，快速汆燙，再撈起浸泡冷水，瀝乾。

2. 鍋加油燒熱，爆香蒜末與辣椒片，放入百頁豆腐拌炒，再加入【作法1】的菠菜炒勻。

3. 起鍋前加鹽與柴魚粉拌勻調味即可。

NOTE

【作法1】菠菜汆燙後，浸泡在冷水裡，可保持菠菜的翠綠顏色。

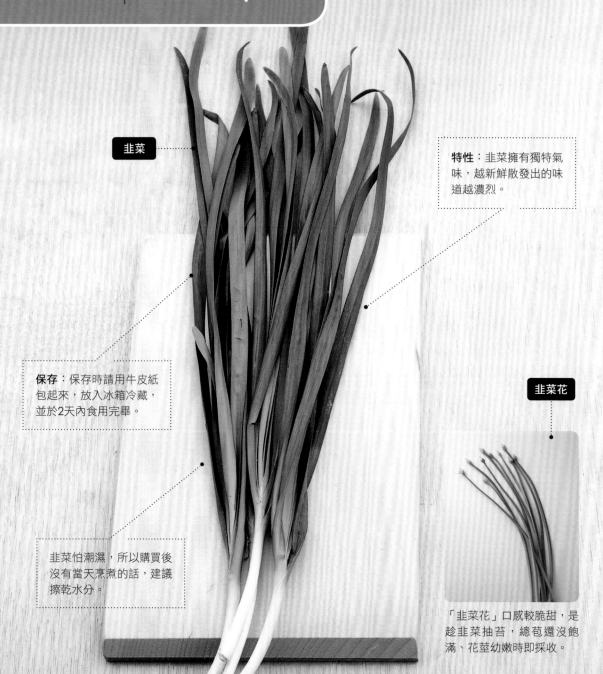

Leaf vegetables
葉菜類 ｜ 韭菜

產季：全年皆有，但以春天的韭菜特別美味。

韭菜

特性：韭菜擁有獨特氣味，越新鮮散發出的味道越濃烈。

保存：保存時請用牛皮紙包起來，放入冰箱冷藏，並於2天內食用完畢。

韭菜花

韭菜怕潮濕，所以購買後沒有當天烹煮的話，建議擦乾水分。

「韭菜花」口感較脆甜，是趁韭菜抽苔，總苞還沒飽滿、花莖幼嫩時即採收。

Point 1　挑選法

選擇韭菜首先要看它的葉子，如果葉片軟爛、莖部有折斷或凹損，請盡量不要選購。

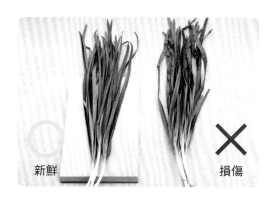

新鮮　　　　　　損傷

Point 2　清洗法

先用流動的水沖洗泥沙，再用手將韭菜在水中一根根撥開、搓洗乾淨，避免泥沙殘留。

Point 3　適合料理法

可以快炒、也可以剁碎做成內餡，例如韭菜水餃、韭菜盒子；另外常見的蒼蠅頭，則是利用韭菜花料理而成。

韭菜碎

韭菜段

韭菜花碎

韭菜花段

料理變化

蒼蠅頭→ P144

韭菜烘蛋→ P145

韭菜盒子→ P146

炒

NOTE
· 備料時，建議韭菜和絞肉的比例，大約3:1最為適宜。
· 【作法1】炒肉末時，亦可不放油，直接利用絞肉本身的油脂爆香蒜末。
· 韭菜靠花穗部位較老、不耐煮，所以【作法2】烹煮時要後放。

忍不住多添一碗飯

80 蒼蠅頭

食譜ID 14632

材料（3人份）

韭菜花（切丁）	300g
豬絞肉（剁碎）	100g
豆豉（泡水、瀝乾）	15g
蒜（切末）	3瓣
辣椒（切末）	2根

調味料

鹽	5g
糖	5g
醬油	5ml
米酒	少許

作法

1. 鍋加油燒熱，放入蒜末爆香，再加入肉末炒香，接著加入豆豉和15ml的水拌炒。

2. 待鍋中肉末略收乾時，放入韭菜丁的前半段（較嫩的部位）和辣椒末，繼續快速拌炒，再放入韭菜丁尾端（靠花穗的部位）。

3. 依照個人口味加入鹽、糖調味，並加醬油拌抄均勻，起鍋前用少許米酒嗆入鍋邊，快速拌一下即可。

煎

厚實滑嫩上桌秒殺

81 韭菜烘蛋

食譜ID 39448

材料（2人份）

韭菜（切末）	70g
雞蛋（打散）	3顆
鹽	3g

作法

1. 韭菜末與蛋液一起拌勻，再加鹽充分拌勻。

2. 鍋加油燒熱，倒入【作法1】的韭菜蛋液，用小火烘煎至蛋汁凝結成金黃色後，再翻面煎上色即可。

NOTE

要將材料充分拌勻、混入空氣，這樣煎蛋才會蓬鬆好吃。

煎

滿滿餡料香味四溢

82　韭菜盒子

食譜ID 43474

材料（20個）

韭菜（切末）	200g
冬粉（泡軟、瀝乾、切小段）	
	1把
小豆干（切丁）	6片
雞蛋（打散）	3顆
豬絞肉	250g

麵皮

中筋麵粉	600g
熱水	340ml
冷水	140ml

調味料

鹽	3g
醬油	15ml
油蔥酥	15g
香油	3ml
胡椒粉	適量

作法

1. 取大盆倒入中筋麵粉、沖入熱水後用兩支筷子以劃圓方式，攪拌至麵糊呈雪花狀，然後再加入冷水，用手將麵粉揉成一個光滑的麵團，蓋上塑膠袋讓麵團靜置，醒20分鐘。

2. 鍋加油燒熱，放入豆干丁與絞肉炒香，盛起備用；原鍋再倒入蛋液炒成碎蛋，盛起備用。

3. 【作法2】涼了以後，再與冬粉段、韭菜末混合均勻，並加入【調味料】攪拌均勻，就是餡料。

4. 將【作法1】醒好的麵團分割成20個小麵團，分別揉圓壓扁後再用桿麵棍桿開，中央放上適量【作法3】的餡料，對折包起，接合處壓緊黏牢。

5. 鍋加入稍多的油燒熱，放入【作法4】包好的韭菜盒，以小火用半煎半炸方式，將雙面煎至金黃即可。

NOTE

【作法4】包餡時，若擔心麵皮壓得不緊實，可以在密合處沾點水按壓一下。

產季：全年。

Point 1 挑選要點

台灣常見的豆芽為綠豆芽，由綠豆發芽而成，是餐桌上常見蔬菜之一。另外一種由黃豆發芽而成，稱為黃豆芽，多於韓式料理中常見。豆芽生長容易，可以自行在家栽種。避免選擇有斷裂、壓傷、過於肥大或潔白的豆芽菜為佳。

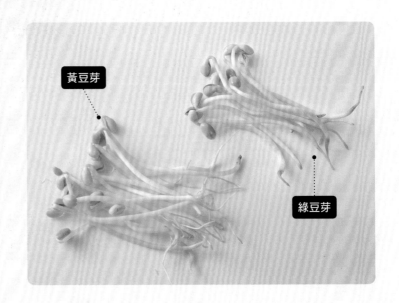

黃豆芽

綠豆芽

Point 2 清洗法

將豆芽放入裝滿大量清水的盆子裡，用手輕輕搓揉清洗，然後換水再清洗一次，接著利用濾網或濾盆將水瀝乾。豆芽若泡水過久，維生素 C 會流失。

Point 3 保存法

豆芽屬於較為脆弱的蔬菜，容易斷裂或腐敗，未料理的豆芽可放入封口袋中密封冷藏，建議盡快食用完畢。

拌

清脆爽口新吃法

83 肉燥拌豆芽

食譜ID 71337

材料（2人份）

綠豆芽	100g
紅蘿蔔（切絲）	1小段
青蔥（切絲）	1支
市售滷豬皮	2片
市售滷肉燥	45g

作法

1. 綠豆芽放入滾水中燙熟撈起；紅蘿蔔絲、青蔥絲泡冷開水，備用。

2. 豬皮切細丁與肉燥拌勻，放入電鍋中，外鍋加半杯水，按下電源開關，煮至開關跳起。

3. 將【作法1】盛盤，與【作法2】肉燥拌勻即可。

NOTE

綠豆芽多以清炒為主，若是想增添清爽的口感，可以將豆芽前端的「芽」，與後端的「根部」，用手輕輕剝除，就變成所謂的「銀芽」了。

炒

快炒綠豆芽

拌

辣拌黃豆芽

鐵板燒熱門菜

84　快炒綠豆芽

食譜ID 80606

材料（3人份）

綠豆芽（去尾）	400g
蔥（切段）	3支
油蔥酥	5g
鹽	適量

作法

1. 鍋加油燒熱，以中小火爆香油蔥酥與蔥段。

2. 加入綠豆芽和60ml的水，拌炒均勻後蓋上鍋蓋，以中小火燜3分鐘。

3. 開蓋後，依個人口味加入適量鹽調味，再快炒至鍋內的水分收乾，即可起鍋。

NOTE

若想賣相更好、吃起來更爽口，亦可將豆芽的頭尾摘除乾淨。

韓國料理開胃小菜

85　辣拌黃豆芽

食譜ID 112764

材料（2人份）

黃豆芽	150g

配料

蔥（切絲）	1/2支
蒜（切末）	1瓣
白芝麻	少許
韓國辣椒粉	10g
鹽	適量
芝麻油	少許

作法

1. 煮一鍋滾水，鍋中加入少許鹽，將黃豆芽放入汆燙，燙熟後撈起沖冷開水，再將水分瀝乾。

2. 將【作法1】的黃豆芽，加入【配料】一起拌勻即可。

NOTE

- 黃豆芽菜燙熟後再泡冷水，可以增加脆度，之後一定要將水分完全瀝乾，不然會生湯汁影響口感。
- 若想要更加增添香氣，可以將白芝麻先炒過。

產季：秋、冬、春（11月～4月）。

Point 1 挑選要點

看蒂頭是否過黑，若是過黑表示不新鮮。再看豆莢是否飽滿、是否有黑斑，品質優良的四季豆不會有黑點傷痕。

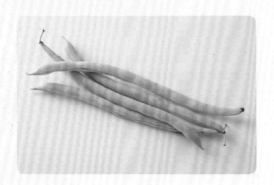

Point 2 清洗法

在流動的清水下，一邊沖洗、一邊用軟毛刷，一根一根刷淨。

Point 3 保存法

因為四季豆容易乾燥，所以保存時需裝在密封保鮮袋中，再放入冰箱冷藏保存，3日內食用完畢。

Point 4 適合料理法

四季豆只需簡單料理，就很清脆好吃！若是清炒的話，大多以切斜段的方式；若是涼拌的話，則多切直段；假如要拿來油炸，則多為整根直接炸。

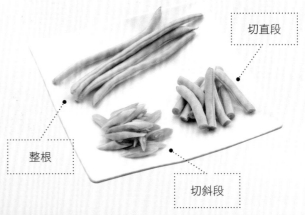

切直段

整根

切斜段

炒

香氣加乘讓美味倍增

86 金沙四季豆

食譜ID 104607

材料（2人份）

鹹蛋（去殼、切丁）	2顆
四季豆（切丁）	300g
紅蘿蔔（切丁）	少許
水	適量

作法

1. 熱鍋後加入少許食用油，放入鹹蛋丁略炒，盛起備用。

2. 同鍋放入四季豆丁與紅蘿蔔丁拌炒熟，可適時加點水。

3. 最後再放入【作法1】炒過的鹹蛋丁，一起拌炒均勻即可起鍋。

NOTE
清洗乾淨後，用手剝除兩端蒂頭和老絲，這樣四季豆吃起來才不會粗糙礙口。

煸

乾煸四季豆

炒

脆炒四季豆

154

好吃下飯的川菜

87　乾煸四季豆

食譜ID 62476

材料（2人份）

四季豆（去頭尾、去絲）300g	
豬絞肉	200g
香菇（切末）	1朵
辣椒（切末）	1/2根
蒜（切末）	2瓣
薑（切片）	2片

調味料

素蠔油	10ml
醬油	15ml
鹽	少許

作法

1. 鍋加3大匙油燒熱，以小火煸炒四季豆，至豆莢表皮乾癟後，撈起瀝油備用。

2. 鍋加1匙油燒熱，用小火炒香薑片，炒到捲曲後取出，再放入蒜末炒香，接著加入【作法1】的四季豆、香菇末、絞肉一起拌炒。

3. 再加入素蠔油、醬油與15ml的水，快速翻炒至四季豆入味，再加鹽調味，炒到水分收乾，起鍋前加入辣椒末，拌炒均勻即完成。

NOTE
【作法1】煸炒四季豆時須避免火力太大，隨時將豆莢翻面，不然容易燒焦！

百搭的便當配菜

88　脆炒四季豆

食譜ID 125263

材料（2人份）

四季豆（去頭尾、去絲）300g	
油蔥酥	15g
蒜（切末）	2瓣
薑（切末）	2片
香油	少許

作法

1. 四季豆與蒜末放入170℃的熱油鍋中，約20秒即撈起瀝油，備用。

2. 同【作法1】的鍋子（僅留少許油），放入油蔥酥炒香，再放入【作法1】的蒜末與四季豆，拌炒均勻。

3. 接著加入50ml的水，蓋上鍋蓋燜至湯汁收乾，開蓋後淋上少許香油炒勻即可。

NOTE
將四季豆先炸過可以保留脆度，加了蒜末一起炸，更增添香氣。

甜豆

產季：冬、春（12月～3月）。

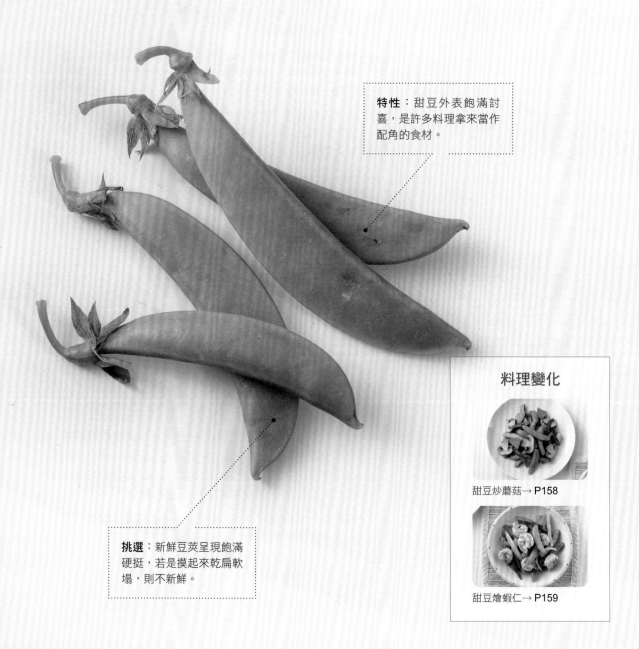

特性：甜豆外表飽滿討喜，是許多料理拿來當作配角的食材。

挑選：新鮮豆莢呈現飽滿硬挺，若是摸起來乾扁軟塌，則不新鮮。

料理變化

甜豆炒蘑菇→ P158

甜豆燴蝦仁→ P159

Point 1　清洗法

在流動的水中，用手仔細搓洗甜豆，沖洗完畢後，再浸泡 10 分鐘。

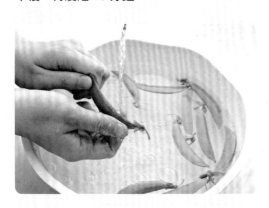

Point 2　保存法

尚未烹煮的甜豆，可裝入密封袋內，放冰箱冷藏，建議 2 天內食用完畢。

Point 3　適合料理法

洗淨後，摘下甜豆的頭部，並順著粗的纖維撕下。去頭去絲後，甜豆整根皆可以食用，多以快炒或燴煮方式烹調。另外，也可以剝開豆莢，取出裡面的甜豆仁來料理，多為清炒或當作配菜使用。

炒

89

清甜爽脆無負擔

甜豆炒蘑菇

食譜ID 39092

材料（2人份）

甜豆（去頭尾、去絲）	150g
蘑菇（切片）	4朵
紅蘿蔔（切片）	20g
蒜（切末）	2瓣
辣椒（切片）	1根
鹽	適量
白胡椒粉	少許

作法

1. 鍋加油燒熱，爆香蒜末與辣椒片，再加入甜豆與紅蘿蔔片拌炒，接著加入蘑菇片繼續拌炒。

2. 加入30ml的水，蓋上鍋蓋燜2分鐘，開蓋後依個人口味加鹽與白胡椒粉調味，炒勻即可。

脆嫩爽口不油膩

90　甜豆燴蝦仁

食譜ID 61056

材料（3人份）

甜豆（去頭尾、去絲）	600g
蝦仁（去腸泥）	10隻
洋蔥（切絲）	1/2顆
辣椒（切絲）	1根

調味料

鹽	少許
香油	少許
白胡椒粉	少許

太白粉水

太白粉	5g
水	15ml

作法

1. 鍋加油燒熱，放入蝦仁用小火煎至雙面變色，盛起備用。

2. 鍋再次加油燒熱，加入洋蔥絲與辣椒絲稍微爆香，再放入甜豆與50ml的水，稍微拌炒均勻後，加蓋燜2分鐘。

3. 開蓋後加入【作法1】的蝦仁拌炒，再依個人口味加入【調味料】拌炒，起鍋前再淋入混勻的【太白粉水】，勾薄芡煮滾即可。

燴

| **毛豆**

產季：春、秋（2月～4月、9月～11月）。

Point 1　挑選要點

毛豆成熟後，就是黃豆；黃豆尚未成熟前，約生長到八分熟，呈青綠色豆莢，就是毛豆。毛豆因尚未成熟，帶有茸毛，所以取名為「毛豆」。選購豆莢青綠、絨毛色淡的毛豆才新鮮；豆莢也要飽滿、挺直為佳。

Point 2　清洗法

除了取出毛豆仁外，毛豆料理大多是連殼一起，所以必須要流動的清水下，仔細沖洗乾淨。

Point 3　豆仁保存法

若是直接購買去殼毛豆仁，要特別注意販售時，袋子上的水蒸氣不要過多，蒸氣越多越不新鮮，無法久放。去殼後的毛豆仁，建議先滾水煮過殺菌後，再冷藏保存，並於7日內食用完畢。

Point 4　適合料理法

帶殼毛豆可做成鹽漬毛豆、水煮毛豆等涼拌小菜；若是已去殼的毛豆仁，則可以拿來拌炒、炊飯，都是常見的毛豆料理。

P161

P162

P162

蒸

幫白飯加點味

91 毛豆薑黃飯

食譜ID 148040

材料（2人份）

毛豆仁	50g
白米	1杯
薑黃粉	0.5g

作法

1. 白米洗淨瀝乾，放入電鍋內鍋。

2. 薑黃粉加入1.2杯水，攪拌均勻，倒入【作法1】鍋中，再撒入毛豆仁。

3. 電鍋外鍋加入1杯水，按下開關炊煮，待開關跳起後再多燜10分鐘，開蓋後用飯匙翻鬆即可。

NOTE

買來的新鮮毛豆，可放入密封袋，冰箱冷藏3天內；或是燙熟後放冷凍保存，食用前再取出退冰。

拌

涼拌毛豆

炒

毛豆炒豆干

餐廳的冷盤小菜

92 涼拌毛豆

食譜ID 77627

材料（3人份）

帶殼毛豆	300g
八角	2粒
辣椒（切小片）	1支
鹽	20g
芝麻香油	10ml
黑胡椒粉	5g

NOTE
水煮毛豆時，可依個人喜歡的熱度而增減水煮時間，但不要煮太久，以免豆莢會變黃。

作法

1. 帶殼毛豆洗淨後，用剪刀將頭尾兩端剪除，以幫助快速煮熟及入味。

2. 湯鍋放入【作法1】的毛豆、八角，加水蓋過毛豆，再加15g鹽一起煮滾，持續滾約5分鐘後，可試吃毛豆熟度，如變軟即熄火，並將八角撈起。

3. 準備一鍋冰水，將【作法2】的毛豆撈起泡冰水冰鎮，以保持豆莢翠綠。

4. 取容器裝入【作法3】的毛豆、【作法2】的八角、辣椒、5g鹽、芝麻香油、黑胡椒粉，全部拌勻後放冰箱冷藏約1小時，等待入味即可。

經典下酒菜

93 毛豆炒豆干

食譜ID 42536

材料（3人份）

毛豆仁	100g
豆干丁	150g
蒜（切末）	4瓣
辣椒（切小片）	1支
沙茶醬	10ml
醬油	15ml
鹽	少許

作法

1. 毛豆仁放入滾水中燙熟，再撈起瀝乾。

2. 鍋加入油燒熱，放入豆干丁，以中火乾煸至表皮酥脆，盛起備用。

3. 同【作法2】的鍋，放入蒜末、辣椒片爆香，再加入沙茶醬炒香，再倒入醬油炒均勻。

4. 接著放入【作法1】的毛豆仁與【作法2】的豆干丁，拌炒均勻後加30ml的水，加蓋稍微燜煮至熟即可，若覺得味道不夠，可依個人口味加鹽調味。

NOTE
若【作法3】加入沙茶醬容易黏鍋，可加少許水拌炒。

Mushroom
菇 類 | 香菇

產季：全年，3月～9月為盛產期。

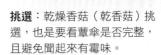

乾燥香菇

特性：香菇可分為新鮮香菇與乾燥香菇，皆含有豐富的膳食纖維。

挑選：乾燥香菇（乾香菇）挑選，也是要看蕈傘是否完整，且避免聞起來有霉味。

新鮮香菇

外觀：新鮮香菇（濕香菇），應挑選蕈傘肥厚、飽滿且緊實者，向內凹的摺痕要明顯為佳。

料理變化

香菇雞湯→ P166

香菇菜飯→ P166

香菇滷豆腐→ P168

麻油香菇油飯→ P168

Point 1 保存法

買回來的新鮮香菇若還沒有要料理，可先用紙巾先擦乾後，放入密封盒中冷藏保存；乾香菇開封後可直接放密封袋中，放通風乾燥處保存即可。

Point 2 清洗法

新鮮香菇勿浸泡，只需在流動的水下快速沖洗即可；而乾香菇則是在料理前，用水先浸泡 30 分鐘，還原待軟再料理。

Point 3 適合料理法

香菇除了蕈傘的部分之外，蒂頭也一樣可以料理食用，口感富有嚼勁。蕈傘部分多切片狀或塊狀。

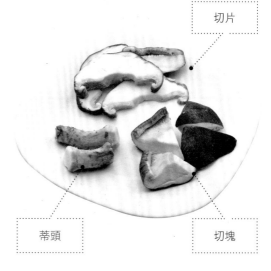

切片

蒂頭

切塊

蒸

煮

香菇雞湯

香菇菜飯

166

加入蛤蜊滋味更好

94　香菇雞湯

食譜ID 55251

材料（4人份）

乾香菇（泡軟、擰乾）	12朵
雞肉（切塊）	1/2隻
蛤蜊（吐沙）	8顆
薑（切片）	6片
蒜（蒜仁）	10顆
枸杞	30g
米酒	少許
鹽	適量

作法

1. 雞肉塊放入滾水鍋中汆燙去血水，再撈起瀝乾。

2. 鍋加油燒熱，先爆香薑片後，再加入【作法1】的雞肉塊與香菇炒香。

3. 接著倒入可蓋過雞肉的水，加入米酒、枸杞和蒜仁，用中小火加蓋熬煮約40分鐘後，加進蛤蜊。

4. 煮至蛤蜊打開後，依個人口味加入適量的鹽調味即可。

NOTE
加薑可以幫助禦寒，加枸杞則能增加湯頭的甜味。

食材豐富一碗滿足

95　香菇菜飯

食譜ID 70149

材料（4人份）

乾香菇（泡軟、切絲）	7朵
紅蘿蔔（去皮、切絲）	1/3條
高麗菜葉（切小片）	2片
紅蔥頭（切片）	4顆
白米（洗淨、瀝乾）	3杯

調味料

鹽	少許
味醂	15ml
米酒	30ml
蠔油	15ml

作法

1. 白米加入4杯水，浸泡1小時，備用。

2. 砂鍋加油燒熱，放入紅蔥頭片爆香至上色，再放入香菇絲及少許鹽，拌炒至香菇上色。

3. 待香氣釋出後，加入【作法1】的米與水，用小火稍微拌勻，加入味醂、米酒及蠔油拌炒均勻。

4. 再加入紅蘿蔔絲、高麗菜片稍微拌勻，蓋上鍋蓋用小火燜煮約15分鐘。

5. 開蓋後稍微翻攪，此時鍋底會有些微鍋巴，屬於正常現象，繼續用小火再加蓋燜煮5分鐘，熄火後先不開鍋蓋，靜置燜約10分鐘即可。

NOTE
白米因為先浸泡過水1小時，所以很容易煮熟。此外，小火燜煮才是炊飯好吃的關鍵。

一鍋吃出思鄉味

96 香菇滷豆腐

食譜ID 119779

材料（4人份）

乾香菇（泡軟、擰乾）	
	6朵
紅蘿蔔（切塊）	1/2條
油豆腐	9小塊
蒜（切片）	3瓣
薑（切片）	2片

滷汁

醬油	30ml
蠔油	15ml
冰糖	5g
八角	1顆
胡椒粉	少量
水	480ml

作法

1. 鍋加油燒熱，先爆香蒜片及薑片，再將紅蘿蔔塊及香菇放入鍋內炒香，再加入攪拌均勻的【滷汁】煮滾。

2. 煮滾後放入油豆腐，以小火燉滷20分鐘即可。

NOTE
油豆腐很會吸湯汁，喜歡辣口感的人，也可以加點辣椒一起滷。

溫潤滋補不上火

97 麻油香菇油飯

食譜ID 98740

材料（5人份）

乾香菇（泡軟、切絲）	12朵
糯米（洗淨、瀝乾）	3杯
蝦米（泡水、瀝乾）	120g
五花薄肉片（切絲）	4片
新鮮栗子（切半）	5粒
蒜（切末）	4瓣
油蔥酥	60g
麻油	適量

調味料

醬油	30ml
冰糖	15g
五香粉	適量
水	240ml

作法

1. 糯米裝入電鍋內鍋中，再加2杯半的水，外鍋加入2杯水，蒸煮至開關跳起，多燜15分鐘後再開蓋，翻鬆糯米。

2. 鍋加油燒熱，放入肉絲，小火加蓋燜煎，讓肉絲出油後開蓋翻炒，放入麻油、蒜末、香菇絲、蝦米翻炒至香味出現，再放入油蔥酥繼續炒香。

3. 接著加入栗子與混勻的【調味料】，煮至冰糖融化且滾沸，再倒入【作法1】的糯米飯拌勻，待每粒米飯上色後，再將拌好的米飯盛回內鍋中。

4. 將內鍋放到電鍋裡，外鍋加1杯水，蒸煮直至開關跳起即可。

NOTE

此道油飯也適合用電子鍋蒸煮，若不喜歡長糯米，也
可改使用圓糯米或長米，水量調整如下：
長糯米：水＝1：0.6
圓糯米：水＝1：0.5
長米：水＝1：1（若喜歡粒粒分明，可改用1：0.8）

滷

蒸

香菇滷豆腐

麻油香菇油飯

杏鮑菇

產季：全年。

挑選：選購時要注意蕈傘是否挺立、不破裂，莖部潔白、避免泛黃。

特性：杏鮑菇肥厚的特性，口感Q彈、富飽足感。

料理變化

酥炸杏鮑菇→ P172

三杯杏鮑菇→ P172

Point 1　保存法

因為擔心杏鮑菇吸附異味，所以未烹煮的杏鮑菇，可放入紙袋內包妥，再放入冰箱冷藏保存約 3 天。

Point 2　清洗法

在流動的水流下，用手搓洗杏鮑菇，再利用紙巾將水分擦乾，之後切成想要的料理型態。

Point 3　適合料理法

因為具有耐煮的特性，所以杏鮑菇常用在燉煮、快炒或者燒烤料理上。除了常見的滾刀塊之外，也會整根切成片狀，多用於燒烤居多。

滾刀塊

切片

炸

酥炸杏鮑菇

炒

三杯杏鮑菇

號稱素食鹽酥雞

98 酥炸杏鮑菇

食譜ID 46681

材料（3人份）

杏鮑菇（切滾刀塊）	5朵
胡椒鹽	適量

粉漿

酥炸粉	200g
水	200ml

作法

1. 酥炸粉加水混合，調成粉漿。

2. 杏鮑菇塊沾裹【作法1】粉漿，再放入120℃的熱油鍋中，炸至表皮金黃酥脆。

3. 撈起瀝油後，撒上胡椒鹽拌勻即可。

NOTE

· 因為要下鍋油炸，所以杏鮑菇洗淨後要擦乾水分再切塊，以避免噴濺。
· 【作法2】杏鮑菇剛下鍋時先不要翻動，讓粉漿定型後再翻，彼此才不會黏在一起。油炸時，先以低溫油炸，待杏鮑菇水分慢慢釋出後，再開大火將油溫提高，這樣不但可讓表皮急速酥脆，殘留的水分也能釋放出來。
· 【作法3】撈起後的杏鮑菇，務必要在油網上騰空瀝油散熱，才不會導致外皮軟化。

九層塔飄香激食慾

99 三杯杏鮑菇

食譜ID 102381

材料（3人份）

杏鮑菇（切滾刀塊）	5朵
薑（切片）	10片
辣椒（切片）	1根
九層塔	少許

調味料

鹽	少許
糖	5g
醬油	25ml
米酒	15ml
麻油	少許

作法

1. 鍋加油燒熱，放入薑片、辣椒炒香，再放入杏鮑菇塊，撒上少許鹽幫助杏鮑菇炒出水分。

2. 再加入糖，繼續炒到糖融化，杏鮑菇呈現金黃色，接著淋上醬油與80ml的水，繼續翻炒到醬汁收乾。

3. 起鍋前加入九層塔，並在鍋邊淋上米酒、麻油後，炒勻即可起鍋。

NOTE

· 【作法1】杏鮑菇一定要先炒到香味釋出，再進行【作法2】，這樣炒出來香氣才會足夠。
· 可用蠔油或醬油膏取代部分的醬油和糖，會較容易炒出黏稠感。

金針菇

產季：全年。

Point 1　挑選要點

金針菇含有豐富的膳食纖維，一年四季都可以享用得到。市面上販售的金針菇，大多為袋裝，觀察袋內是否有水蒸氣，若有水氣表示不夠新鮮。蕈傘不可有泛黃或是擠壓，才是好的金針菇。

Point 2　清洗法

由於金針菇底部稍有黏滑，且又細又根根分明，所以最好是先讓金針菇於袋中時，連袋子一起將根部切斷後再取出。用手剝散，如有根部雜質殘留請挑除，再以流水沖洗後，浸泡 10 分鐘。

Point 3　保存法

金針菇因為容易變質，若買回來還沒拆封，可置於冰箱冷藏 2 天；若已開封未烹煮部分，請先不要清洗，可用保鮮膜緊密包裹後，放冰箱冷藏，隔天儘速烹煮食用。

Point 4　適合料理法

金針菇耐煮，所以料理的方式也很多。除了常見用於煮湯、煮火鍋之外，也可以與蔬菜一起快炒，或是裹上麵粉做成煎餅，也相當美味。

P175　　　　P176　　　　P176

韓國超流行新吃法

100 金針菇煎餅

食譜ID 81891

材料（2人份）

金針菇（去尾）	1包
辣椒（切片）	1/2支
黑胡椒	適量

蛋糊

雞蛋	2顆
中筋麵粉	30g
鹽	少許

作法

1. 【蛋糊】材料混合拌勻。

2. 鍋加油燒熱，取適量金針菇平鋪在鍋中，再放上辣椒片點綴裝飾，用湯匙舀取【作法1】的蛋糊，塗抹於金針菇上。

3. 用小火煎到兩面金黃即可（將所有金針菇依此方式煎完），盛盤後可撒上黑胡椒增加風味。

NOTE

若新手擔心煎餅太快熟而手忙腳亂，每次要煎之前可先熄火，等鋪好材料之後，再開火塗上蛋糊。

炒

金針菇炒豆皮

烤

金針菇培根卷

簡單吃出食材原味

101 金針菇炒豆皮

食譜ID 91917

材料（3人份）

金針菇（切小段）	1包
豆皮	3片
蒜（切末）	2瓣
蔥（切末）	1/2支
鹽	適量
辣椒醬	15ml

作法

1. 豆皮放入滾水中燙軟，撈起瀝乾後切片。

2. 鍋加油燒熱，放入蒜末爆香，再放入【作法1】的豆皮、金針菇段一起拌炒。

3. 加鹽、辣椒醬、15ml的水炒勻，加蓋燜煮一下，開蓋加入蔥花翻炒均勻即可。

NOTE

豆皮先用熱水燙過，可以去除一些油分，吃起來比較清爽。

自己做居酒屋串燒

102 金針菇培根卷

食譜ID 84626

材料（4人份）

金針菇（去尾、切段）	1包
培根（對半切）	6片
烤肉醬	適量
白芝麻	適量

作法

1. 取適量金針菇，然後用半片培根包捲起來，以長竹籤固定住開口。

2. 將所有金針菇包捲完成，再均勻塗刷上烤肉醬。

3. 放入已預熱好180℃的烤箱中，烤約8分鐘後，翻面再續烤8分鐘。

4. 取出盛盤後，撒上白芝麻增加香氣。

NOTE

【作法3】金針菇培根捲放在烤架上，烤箱下層記得放個烤盤，以盛裝滴油。滴下的油不要浪費，拿來炒菜非常香唷！

常備蛋白質 | 雞蛋

好的雞蛋，蛋殼應該完整無受損、表面粗糙。

體型以中小型、重量沈甸為佳，手拿起來搖晃，不覺得有晃動聲。

Point 1 保存法

買回來的雞蛋，可用乾淨的布將蛋殼擦拭後，放入冰箱的雞蛋槽中冷藏，尖端朝下、鈍端朝上擺放。待要料理雞蛋前，再將雞蛋用水沖洗即可。

Point 2 適合料理法

蛋料理應用廣泛，除了常見的炒蛋、煎蛋、水煮蛋之外，也常常應用在烘焙中，甚至可細分為蛋黃與蛋白的各自應用，得到的效果也大不同。

初學者也能輕鬆上手

103 茶香溏心蛋

食譜ID 86250

材料（3人份）

雞蛋	6顆
廚房紙巾	2張

醬汁

紅茶茶葉	5g
日式柴魚淡醬油	60ml
熱水	240ml

作法

1. 將茶葉沖入240cc熱水，泡至香味出來，再加入60cc的日式柴魚淡醬油，拌勻備用。

2. 電鍋不需放內鍋，直接將2張廚房紙巾沾濕，墊在外鍋底部，上面擺入雞蛋（6顆都要擺放在濕紙巾上，且不要重疊）。

3. 直接按下電源，蒸至電源開關跳起後，多燜2~3分鐘再開蓋。

4. 將蛋取出剝殼，去殼後泡入【作法1】醬汁中，冰藏8小時入味即可。

NOTE

剝蛋殼時，輕敲外殼放入冷水中，使冷水進入縫隙中，會較好剝除！此外電源開關跳起後，若不多燜幾分鐘，蛋黃可能尚未凝結；而燜過久會讓蛋黃過熟，失去水嫩感。

蒸

煎

阿嬤的古早味私房菜

104 蔥花菜脯蛋

食譜ID 74607

材料（3人份）

雞蛋（打散）	4顆
菜脯（切碎）	50g
蔥（切末）	少許
醬油	5ml

作法

1. 鍋加油燒熱，放入碎菜脯炒到香味釋出，再盛起放涼備用。

2. 將蛋液加入蔥花、醬油與【作法1】放涼的菜脯，攪拌均勻。

3. 平底鍋加油燒熱，倒入混合均勻的【作法2】，以小火將菜脯蛋雙面煎至金黃色，即可起鍋。

NOTE
· 【作法1】先將菜脯拌炒過，會更有香氣。
· 煎菜脯蛋時，須等底部的蛋液大致凝固再翻面，就能煎出完成圓狀的菜脯蛋！

烘

澎湃堆疊出層層綿密

105 西班牙烘蛋

食譜ID 86953

材料（4人份）

雞蛋（打散）	5顆
馬鈴薯（切丁）	1顆
洋蔥（切絲）	1/2顆
紅甜椒（切丁）	1/4顆
黃甜椒（切丁）	1/4顆
培根（切末）	2片
鹽	少許
黑胡椒	少許

作法

1. 鍋加油燒熱,依序將培根末、馬鈴薯丁、洋蔥絲、紅甜椒丁、黃甜椒丁下鍋炒香,再盛起稍稍放涼,與蛋液混合均勻。

2. 再次將鍋加油燒熱,倒入【作法1】混合好的蛋液,用小火一邊用筷子攪動一邊煎,四周用鍋鏟輕輕往內堆,使烘蛋邊緣也能厚實飽滿。

3. 等到周圍蛋液八成凝固時,蓋上鍋蓋,燜到中間的蛋液也凝固,翻面將另一面煎熟即可。

4. 盛盤後依個人口味,撒上適量的鹽與黑胡椒調味即可。

滑嫩順口小孩最愛

106 茶碗蒸

食譜ID 29643

材料（2人份）

雞蛋（打散）	3顆
鴻喜菇	適量
蝦仁（去腸泥）	2隻
蛤蜊（吐沙）	2顆

調味料

米酒	5ml
味醂	15ml
醬油	5ml
鹽	5g
水	360ml

作法

1. 煮一鍋滾水，將鴻喜菇燙軟、蝦仁燙熟、蛤蜊燙至打開，備用。

2. 【調味料】攪拌均勻，再加入蛋液，以順時鐘方式拌勻，避免產生過多氣泡，然後以濾網過濾掉雜質，盛裝入容器中。

3. 電鍋內放入蒸架，將【作法2】放在蒸架上，外鍋加1杯水，蓋上鍋蓋，鍋蓋邊緣擺根筷子、留點空隙不蓋緊，按下開關蒸煮。

4. 待開關跳起後，將【作法1】的配料一一擺到【作法2】蒸蛋上，外鍋再加1/3杯的水，依同樣方式再次蒸煮，等開關再次跳起後，燜3分鐘即可。

NOTE

【作法2】過濾蛋液時，若濾網不夠細，可多過濾幾次。蛋液的表面若有氣泡，可用面紙輕輕抹掉。這樣蒸出來的蒸蛋表面，才會平順柔滑更美觀。

蒸

日本便當的常備菜

107　菠菜玉子燒

食譜ID 94896

材料（2人份）

雞蛋	3顆
菠菜葉	少許

調味料

牛奶	30ml
美乃滋	15ml
糖	5g
鹽	少許

作法

1. 菠菜葉放入滾水中燙軟，再撈起泡冷水，擠乾水分後切碎，備用。

2. 雞蛋打入量杯中，加入【調味料】與【作法1】的碎菠菜，用翻切方式將蛋白、蛋黃和空氣打在一起，攪拌次數不要超過30次，過度攪拌會使煎蛋不容易膨鬆。

3. 方鍋用紙巾擦拭上沙拉油，將鍋子全部塗滿薄薄一層油，先用中小火加熱30秒後，離火將鍋底沾一下溼毛巾降溫，然後再放回爐子，轉小火。

4. 先倒1/4【作法2】的蛋液，讓蛋液均勻布滿鍋面，等到蛋液表面凝固後，就可以從上往下折三到四折，折好後將蛋推到方鍋上方。

5. 再拿紙巾將鍋面塗油，再次倒入1/4蛋液，將【作法4】折好的蛋稍微提起，讓蛋液流到熟蛋的下面，然後一樣等蛋液凝固後，再往下翻折。

6. 重覆【作法5】的煎蛋方式，將蛋液全數煎完包捲起。 煎好後靜置放涼，涼了再切就能切得漂亮。

煎

NOTE

· 【作法2】把蛋打入量杯中，因有刻度顯示，可方便調節每次煎的量。打蛋時，如美乃滋結塊是正常現象，在煎的過程中，自然會混合入味。

· 煎蛋時如有泡泡冒出，就用筷子戳破即可。全程請保持小火慢煎，每次倒蛋液前，鍋中都一定要塗油。

煮

184

美式經典早午餐

108 班尼迪克蛋

食譜ID 82806

材料（2人份）

雞蛋	2顆
滿福堡	2個
火腿	2片
生菜	適量
黑胡椒	適量
白醋	100ml
鹽	5g

荷蘭醬

蛋黃	2顆
檸檬汁	2ml
奶油	100g
鹽	3g

作法

1. 【荷蘭醬】材料中的蛋黃打散，加入檸檬汁混合均勻，再以隔水加熱方式繼續攪拌，加入奶油快速拌勻，待奶油全都融化後，再加入鹽攪拌均勻，完成後用保鮮膜蓋住，放涼備用。

2. 雞蛋打在跟蛋差不多大小的容器裡，備用。煮一鍋500ml的水，待水滾後放入白醋、鹽拌勻，再次煮滾後，用湯匙在水裡劃圈圈成漩渦狀。

3. 然後將放蛋的容器靠近水面，輕放進煮沸的漩渦水裡，過程中用筷子輕撥蛋白使成型，煮約2～3分鐘即撈起，撈起後放在紙巾上吸水，備用。

4. 鍋加油燒熱，放入火腿煎熟。滿福堡對切開，放入烤箱中稍微加熱。

5. 取盤，將【作法4】的滿福堡夾入生菜、火腿，再包入【作法3】的水波蛋，淋上【作法1】的荷蘭醬，再依個人喜好撒上黑胡椒增加風味。

NOTE

· 煮蛋時白醋盡量要多，比例約是水：醋＝5：1。煮蛋時1次煮1顆，這裡2顆蛋請分次進行。

· 蛋要輕放到滾水裡，不可以在鍋邊打蛋丟進水中，以免變成蛋花湯。畫圈圈成漩渦狀，是為了幫助蛋的成型更集中。

Protein | 常備蛋白質 | 豆腐

Point 1 選購法

豆腐是許多蔬食者攝取蛋白質的來源之一，散裝豆腐建議購買外型完整，摸起來觸感細膩不黏滑，聞起來有豆香無異味者。若色澤過白勿挑選，有添加漂白的可能。至於盒裝豆腐，則要注意外包裝是否完整、避免損壞者為佳。

Point 2 清洗法

可將豆腐放在手上，利用極小的水流簡單沖洗後，再放入乾淨的食用水盆中浸泡即可。

Point 3 保存法

買回來的傳統豆腐若沒有要馬上食用，可將豆腐放入密封盒中，再加入食用水淹過豆腐，蓋緊蓋子放入冰箱冷藏，建議2天內食用完畢。

Point 4 適合料理法

豆腐柔軟脆弱，大多切片後用煎、燒的方式料理，或者可切小丁做成麻婆豆腐，也是常見的豆腐料理。

炒

香麻火辣的中華料理

109 麻婆豆腐

食譜ID 104243

材料（3人份）

嫩豆腐（切丁）	1盒
豬絞肉	60g
化椒粒	30顆
薑（切末）	2片
蒜（切末）	1瓣
蔥（切末）	1/2支

調味料

辣豆瓣醬	30ml
醬油	15ml
太白粉	5g
白胡椒粉	適量

作法

1. 鍋加油燒熱，放入花椒粒，以小火炸至花椒味釋出，再撈除花椒粒。

2. 將薑末、蒜末放入【作法1】的鍋中爆香，再加入絞肉炒勻，繼續加入辣豆瓣醬炒勻。

3. 接著加入180ml的水、醬油，繼續燒煮，再放入豆腐丁輕輕攪拌，讓豆腐吸附湯汁

4. 盛出少許鍋內湯汁加入太白粉拌勻，再倒入鍋中勾薄芡，最後撒上適量白胡椒粉，起鍋前撒上蔥末，拌勻即可。

NOTE

【作法3】放入豆腐丁時，要均勻分布鍋中，且須動作輕柔，避免太大力翻炒使豆腐破碎。

拌

炸

鮮蚵豆腐

揚初豆腐

188

蛋白質豐富的菜餚

110 鮮蚵豆腐

食譜ID 83291

材料（2人份）

嫩豆腐	1塊
小黃瓜（切絲）	1/2根
鮮蚵	適量
地瓜粉	15g

醬料

蔥（切末）	1/2支
蒜（磨泥）	1瓣
辣椒（切末）	1/2根
醬油膏	15ml
冷開水	適量

作法

1. 鮮蚵洗淨，均勻沾裹薄薄一層地瓜粉，備用。

2. 煮一鍋水，水滾後熄火，放入【作法1】的鮮蚵，加蓋燜約5分鐘，再撈起瀝乾放涼。

3. 趁著燜鮮蚵的空檔，將【醬料】材料混合拌勻，備用。

4. 取盤放入豆腐，擺上小黃瓜絲、【作法2】的鮮蚵，再淋上【作法】醬料即可。

NOTE
使用嫩豆腐與鮮蚵滑嫩的口感最為搭配。

日本料理家常美味

111 揚初豆腐

食譜ID 77220

材料（2人份）

雞蛋豆腐（或 嫩豆腐）	1盒
蔥（切末）	少許
醬油露	適量

裹粉

低筋麵粉	適量
雞蛋（打散）	2顆
太白粉	適量

作法

1. 豆腐切成適當塊狀，依序沾裹上低筋麵粉、蛋液、太白粉。

2. 將【作法1】的豆腐塊，放入150℃的熱油鍋中，炸到豆腐雙面呈金黃色澤，撈起瀝油。

3. 取盤放上【作法2】的炸豆腐，撒上蔥花，再淋入醬油露即可。

NOTE
請先擦乾豆腐水分，再進行裹粉，油炸時才不會噴濺。

煮

重口味的下飯菜

112 鐵板豆腐

食譜ID 34378

材料（2人份）

板豆腐（切片）	1塊
洋蔥（切小片）	1/2顆
青椒（切小片）	1/2顆
紅甜椒（切小片）	1/2顆
黃甜椒（切小片）	1/2顆
奶油	15g

黑胡椒醬

素蠔油膏	45ml
香油	5ml
糖	5g
黑胡椒粒	10g
太白粉	10g
水	100ml

作法

1. 將【黑胡椒醬】混合均勻，隔水加熱備用。

2. 鍋加奶油燒熱，放入豆腐片煎到兩面金黃，盛起備用。

3. 同【作法2】的鍋子，放入洋蔥片、青椒片、紅甜椒片、黃甜椒片，拌炒至香氣釋出。

4. 淋上【作法1】調好的黑胡椒醬，滾煮至勾芡狀，再放入【作法2】的豆腐片，烹煮至醬汁入味即可。

料理可以是美學，可以是言語，
調味和訴說著人與人之間的愛與溫情。

●國家圖書館出版品預行編目資料

愛料理特搜‧112道常見食材料理/愛料理團隊 作. -- 初
版. -- 臺北市：三采文化，2016.04
　　面：　公分. -- (好日好食；27)
　ISBN 978-986-342-602-8 (平裝)

1. 食譜

427.1　　　　　　　　　　　　　　　　105003470

suncolor 三采文化集團

好日好食27

愛料理特搜‧112道常見食材料理

作者	愛料理團隊（張琬婕、葉羽軒、李佳臻）
副總編輯	郭玫禎
責任編輯	黃若珊
內頁編排	陳育彤
封面設計	池婉珊
料理示範	JJ5色廚、QQ廚房、日常裡。小確幸LaLa、開心料理、懶廚房Lydia
攝影	璞真奕睿 Hand in Hand Photodesign、林子茗
發行人	張輝明
總編輯	曾雅青
發行所	三采文化股份有限公司
地址	台北市內湖區瑞光路513巷33號8樓
傳訊	TEL：8797-1234　FAX：8797-1688
網址	www.suncolor.com.tw
郵政劃撥	帳號：14319060
	戶名：三采文化股份有限公司
本版發行	2016年4月29日
定價	NT$360